“十四五”普通高等教育本科部委级规划教材
国家一流本科专业建设精品课程系列教材
教育部“产品设计人才培养模式改革”虚拟教研室试点建设系列教材
2021 年中央支持地方高校发展专项资金支持

信息产品设计概论

潘鲁生　主编

张公明　编著

中国纺织出版社有限公司

图书在版编目（CIP）数据

信息产品设计概论 / 潘鲁生主编；张公明编著. --
北京：中国纺织出版社有限公司，2023. 5
“十四五”普通高等教育本科部委级规划教材
ISBN 978-7-5229-0207-4

Ⅰ. ①信… Ⅱ. ①潘… ②张… Ⅲ. ①信息产品—产品设计—高等学校—教材 Ⅳ. ①TB472

中国版本图书馆CIP数据核字（2022）第252073号

责任编辑：余莉花　　特约编辑：庄徐亨嘉
责任校对：江思飞　　责任印制：王艳丽

中国纺织出版社有限公司出版发行
地址：北京市朝阳区百子湾东里A407号楼　邮政编码：100124
销售电话：010—67004422　传真：010—87155801
http://www.c-textilep.com
中国纺织出版社天猫旗舰店
官方微博 http://weibo.com/2119887771
天津千鹤文化传播有限公司印刷　各地新华书店经销
2023年5月第1版第1次印刷
开本：787×1092　1/16　印张：10
字数：150千字　定价：78.00元

序

目前，我国本科高校数量1270所，高职（专科）院校1468所，在这些高校中，70%左右的高校开设了设计学类专业，设计类专业在校学生总人数已逾百万，培养规模居世界之首。深刻领会党的二十大精神，在全面建成社会主义现代化强国、实现第二个百年奋斗目标，以中国式现代化全面推进中华民族伟大复兴的新征程中，设计人才已成为推动产业升级和提高文化自信的助力器，是加快建设美丽中国、全面推进乡村振兴的重要力量。

2019年，教育部正式启动了“一流本科专业建设点”评定工作，计划在三年内，建设10000个国家级一流本科专业，其中设计学类一流专业规划有474个。与之相匹配，教育部同步实施10000门左右的国家级“一流课程”的建设工作。截至2021年底，在山东工艺美术学院本科专业中有10个专业获评国家级一流专业建设点，11个专业获评山东省级一流专业建设点，国家级、省级一流专业占学校本科专业设置总数的71%，已形成以设计类专业为主导，工科、文科两翼发展的“国家级”“省级”一流专业阵容。工业设计学院立足“新工科”“新文科”学科专业交叉融合发展理念，产品设计、工业设计、艺术与科技3个专业均获评国家级一流专业建设点。

工业设计是一个交叉型、综合型学科，它的发展是在技术和艺术、科技和人文等多学科相互融合的过程中实现的，是与企业产品的设计开发、生产制造紧密相连的知识综合、多元交叉型学科，其专业特质具有鲜明的为人民生活服务的社会属性。当前，工业设计创新已经成为推动新一轮产业革命的重要引擎。因此，今天的“工业设计”更加强调和注重以产业需求为导向的前瞻性、以学科交叉为主体的融合性、以实践创新为前提的全面性。这一点同国家教材委员会的指导思想、部署原则是非常契合的。2021年10月，国家教材委员会发布了《国家教材委员会关于首届全国教材建设奖奖励的决定》，许多优秀教材及编撰者脱颖而出，受到了荣誉表彰。这体现了党中央、国务院对教材编撰工作的高度重视，寄望深远，也体现了新时代推进教材建设高质量发展的迫切需要。统揽这些获奖教材，政治性、思想性、创新性、时代性强，充分彰显中国特色，社会影响力大，示范引领作用好是其显著特点。本系列教材在编写过程中突出强调以下4个宗旨。

第一，进一步提升课程教材铸魂育人价值，培养全面发展的社会主义建设者。在强化专业讲授的基础上，高等院校教材应凸显能力内化与信念养成。设计类教材内容与文化输出和表现、传统继承与创新是息息相关、水乳交融的，必须在坚持“思政+设计”的育人导向基础上形成专业特色，必须在明确中国站位、加入中国案例、体现中国智慧、展示中国力量、叙述中国成就等方面下功夫，进而系统准确地将新时代中国特色社会主义思想融入课程教材体系之中。当代中国设计类教材应呈现以下功用：充分发挥教材作为“课程思政”的主战场、主阵地、主渠道作用；树立设计服务民生、设计服务区域经济发展、设计服务国家重大战略的立足点和价值观；激发学生的专业自信心与民族自豪感，使他们自觉把个人理想融入国家发展战略之中；培养“知中国、爱中国、堪当民族复兴大任”的新时代设计专门人才。

第二，以教材建设固化“一流课程”教学改革成果，夯实“双万计划”建设基础。毋庸置疑，学科建设的基础在于专业培育，而专业建设的基础和核心是课程，课程建设是整个学科发展的“基石”。因此，缺少精品教材支撑的课程，很难成为“一流课程”；不以构建“一流课程”为目标的教材，也很难成为精品教材。教材建设是一个长期积累、厚积薄发、小步快跑、不断完善的过程。作为课程建设的重要组成部分，教材建设具有引领教学理念、搭建教学团队、固化教改成果、丰富教学资源的重要作用。普通高校设计专业教材建设工程要从国家规划教材和一流课程、专业抓起。因此，本系列教材的编写工作应对标“一流课程”，支撑“一流专业”，构建一流师资团队，形成一流教学资源，争创一流教材成果。

第三，立足多学科融合发展新要求，持续回应时代对设计专业人才培养新需要。设计专业依托科学技术，服务国计民生，推动经济发展，优化人民生活，呼应时代需要，具有鲜明的时代特征。这与时下“新工科”“新文科”所强调和呼吁的实用性、交叉性、综合性不谋而合。众所周知，工业设计创新已经成为推动新一轮产业革命的重要引擎。在此语境下，工业设计的发展应始终与国家重大战略布局密切相关，在大众创业、万众创新中，在智能制造中，在乡村振兴中，在积极应对人口老龄化问题中，在可持续发展战略中，工业设计都发挥着不可或缺的、积极有效的促进作用。在国家大力倡导“新工科”发展的背景下，工业设计学科更应强化交叉学科的特点，其知识体系须将科学技术与艺术审美更加紧密地联系起来，形成包容性、综合性、交叉性极强的学科面貌。因此，本系列教材的编撰思想应始终聚焦“新时代”设计专业发展的新需要，进一步打破学科专业壁垒，推动设计专业之间深度融通、设计学科与其他学科的交叉融合，真正使教材建设成为持续服务时代需要，推动“新工科”“新文科”建设，深度服务国家行业、产业转型升级的重要抓手。

第四，立足文化自信，以教材建设传承与弘扬中华传统造物与审美观。文化自信是实现中华民族伟大复兴的精神力量，大力推动中华优秀传统文化创造性转化和创新性发展，则为文化自信注入强大的精神力量。设计引领生活，设计学科是国家软实力的重要组成部分，其发展水平反映着一个民族的思维能力、精神品格和生活方式，关系到社会的繁荣发展与稳定和谐。2017年，中共中央办公厅、国务院办公厅印发《关于实施中华优秀传统文化传承发展工程的意见》，综合领会文件精神，可以发现设计学科承担着“推动中华优秀传统文化的创造性转化和创新性发展”的重要责任。此类教材的编撰，应以“中华传统造物系统的传承与转化”为中心，站在中国工业设计理论体系构建的高度开展：从历史学维度系统性梳理中国工业设计发展的历史；从经济学维度学理性总结工业化过程中国工业设计理论问题；从现实维度前瞻性探索当前工业设计必须面临的现实问题；从未来维度科学性研判工业生产方式转变与人工智能发展趋势。在教材设计与案例选择上，应充分展现中华传统造型（造物）体系的文化魅力，让学生在教材中感知中华造物之美，体会传统生活方式，汲取传统造物智慧，加速推进中国传统生活方式的现代化融合、转变。只有如此，才有可能形成一个具有中国特色的，全面、系统、合理、多维度构建的，符合时代发展需求的高水平教材。

本系列教材涵括产品设计、工业设计、艺术与科技专业主干课程，其中《设计概论》《人机工程学》《设计程序与方法》为基础课程教材；《信息产品设计概论》《产品风格化设计》《文化创意产品设计开发》《公共设施系统设计》《产教融合项目实践》为专业实践课程教材；《博物馆展示设计》《展示材料与工程》《商业展示设计》为艺术与科技专业主干课程教材。本系列教材强调学思结合，关注和阐述理论与现实、宏观与微观、显性与隐性的关系，努力做到科学编排、有机融入、系统展开，在配备内涵丰富的线上教学资源基础上，强化教学互动，启迪学生的创新思维，体现了目标新、选题新、立意新、结构新、内容新的编写特色。相信本系列教材的顺利出版，将对设计领域的学习者、从业者构建专业知识、确立发展方向、提升专业技能、树立价值观念大有裨益，希望本系列教材为当代中国培养有理想、有本领、有担当的设计新人贡献新的力量。

董占军

壬寅季春于泉城

目录

第一章
信息产品设计概述

第一节

信息产品的定义

一、信息与人类文明

（一）信息革命

人类文明的诞生与发展随着信息的产生与演变，目前人类社会已经经历了语言、文字、电磁波、计算机和互联网四次重要的信息革命。信息的传播、融合和持续发展是人们发明、创造、开拓、进取的基础条件，是人类历史前进的推动力；信息载体的一次次演变促使着人类社会的一次次飞跃。信息的普遍性、流通性、共享性以及信息革命的不断升级，也引导着人类走向全球化，从而形成一个命运共同体，人类文明正以一种超乎我们想象的加速度在前进（图 1-1）。

在最初的原始人群阶段，人们只能通过手势、眼神、简单的动作和声音来互相传递信息，这阻碍着经验和知识的传播。直到发出的声音出现了高、低、粗、细的频率变化，从而创造出语言，使经验和知识的传播变得畅通，并以此提高了在自然界的适应能力，这就是人类历史上第一次伟大的信息革命。自此，语言成为人类活动中最初的信息载体和相互联系的手段，成为人类顺应自然、利用自然、改造自然的第一个信息平台。

第一次信息革命以后，因为语言的局限性和大脑有限的信息储存容量，人们便产生了要把某些信息记录下来的需求。于是，出现了最

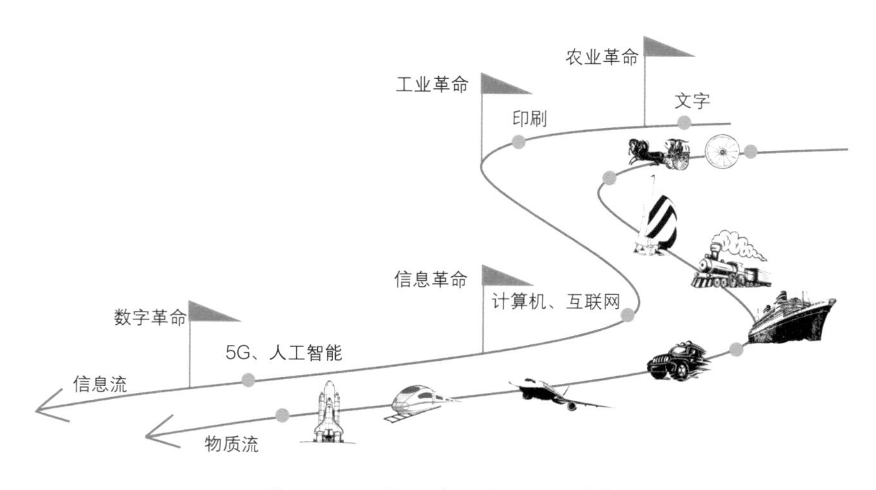

图 1-1 人类物质文明与信息革命

早的刻画符号，文字形态开始萌芽。文字是语言和文化的载体，是人们记录信息和交流思想的工具，它的出现象征人类历史上第二次伟大的信息革命。由于文字作为信息传播手段所折射出的巨大能量较之第一次信息革命具有无可比拟的作用，因此，目前世界上大多数国家都把文字的产生和使用作为人类文明时代开始的重要标志之一。

18世纪末，瓦特（James Watt）发明蒸汽机，引发各国对科学技术的普遍关注。19世纪初，人们经过长期研究，发现电磁波可以运载信息，进而发明了无线电报，这是人类利用电磁波传递信息的一个巨大成就，它把世界各国的距离拉近了。而电磁波的发现和利用，使人们获得信息的能力大幅提升，同时也促使科学技术更加迅猛地发展，这便是人类历史上第三次伟大的信息革命。这次信息革命的成果推动了工业社会的全面革新，使生产力发生了质的变化，即由原来的“生产—技术—科学”转变为“科学—技术—生产”。这种革命性的变革使人类文明的进程在短短几十年的时间内超越了以前几个世纪的总和，同时也为下一次信息革命奠定了坚实的基础。

20世纪下半叶，新知识的迅速传递、艺术与技术的相互融合、文化氛围的不断创新、不同学科之间的碰撞交叉、区域经济一体化与经济全球化的联系、世界格局的演变、科学家在新领域的重大突破……各种意想不到的新事物、新概念、新形势层出不穷，使人目不暇接。人类社会经历了巨大变迁，生产力得到了翻天覆地的发展，使人们普遍感到人脑的有限和知识的无限之间的矛盾、人的精力的有限和科学天地的无限之间的矛盾、人类生命的有限和宇宙时空的无限之间的矛盾。社会企盼着出现更加先进的科技手段，以缩小这些矛盾，从而进一步提高人类文明的层次。随着计算机和互联网的出现，一轮崭新的文明已经降临，轰轰烈烈的第四次信息革命爆发了。进入21世纪，新一代信息技术正在以更快的速度、更广的范围、更深的程度引发新一轮科技革命和产业革命。“物联网”“云计算”“大数据”“人工智能”“区块链”“生物基因工程”等新技术驱动网络空间正从“人人互联”向“万物互联”演进，数字化、网络化、绿色化、智能化等服务变得无处不在，并将持续壮大和延续下去。

从上述一系列的信息革命可以看出，信息对人类文明的发展起到了无与伦比的作用。事实上，人类社会的进步确实与信息息息相关，人类社会中的一切科学技术成就都是受其派生。因此，信息可以说对科学技术起决定作用，同时科学技术的发展反过来又推动和加速信息的发展，两者之间的关系正像经济基础和上层建筑之间的辩证关系一样。

（二）信息载体

人类文明的进程必然随着信息和信息量的增加，离开了信息的传播、交流和融合，任何发明创造都不会实现。而信息必须以某种物质和手段作为载体和媒介来进行存储、传输或显示，所以信息的增加、积累、再生必然要依靠信息革命和信息传播工具及产品载体的一次次变革来推动。

从古代的结绳记事、烽火驿亭、笔墨纸砚、算盘算筹、书籍报刊、人口迁徙、车船运输到现代的显微镜、望远镜、火车、飞机、电报、电话、广播、电视、摄像、扫描、雷达导航、通信卫星、计算机、传真机、遥感器等全球性通信网络的形成以及满载信息的光盘、磁盘所建立起来的巨大信息库，最终使世界各国的距离缩小了，将地球变成了一个共同的社区。这就是信息的功能在人类实践过程中所释放出来的巨大能量，也是人类在信息载体领域的发明与创造。

中国古代的四大发明便是人类信息载体的优秀代表。造纸术的发明解决了文字信息的固定问题，使文字的书写和文化的传播更为方便。印刷术的发明使文字信息（包括图像信息）能够大量复制、广为传播。指南针的发明是获取了地球磁场的信息，为航行、探险指示方向。火药的发明则证实了不同信息的融合可以产生信息的转换并促进新的飞跃。

近代，蒸汽机和电的发明，对人类社会作出了重要的贡献。这些发明也正好说明了物质和能量在相互转换中，信息成为其必然的联系形式。随后的轮船、火车、飞机的发明则构成了全球范围的信息大流通和大融合。

19世纪以来，电报、电话、收音机和电视机的发明更使信息通过不同形式的载体到处漫游，无孔不入，终于把整个人类从传统社会带进了现代社会。

当代社会电子计算机的发明，则进一步将各种信息压缩成0和1两个二进制中的基本数码，并通过程序控制进行自动计算、随机处理和智能推断，成为目前信息发展史上一座最为卓越的丰碑。

通过对信息载体进行深入的了解和认识，便会进一步发现，人类历史的进程、人类文明层次的提升总是和信息的发展联系在一起，信息载体的变革应该是人类文明进程中最为本质的因素。从这个意义上讲，人类文明的历史就是一部信息发展史。

二、信息的概念与特征

（一）信息的概念

“信息”一词在英语、法语中是“information”，日语中是“情報”，我国古代用的是“消息”。作为科学术语则最早出现在英国数学家哈特莱（R.V.Hartley）1928年撰写的《信息传输》一文中。此后许多研究者从各自的研究领域出发，给出过不同的定义，具有代表性的表述如下：

1948年，信息的奠基人、美国数学家香农（C.E.Shannon）在《通讯的数学理论》一文中指出：“信息是用来消除随机不定性的东西。”这一定义被人们看作是经典并加以引用。

控制论创始人美国数学家罗伯特·维纳（Norbert Wiener）认为“信息是人们在适应外部世界并使这种适应反作用于外部世界的过程中，同外部世界进行互相交换的内容和名称”，这一定义也被作为经典并加以引用。

美国著名物理化学家约西亚·威拉德·吉布斯（Josiah Willard Gibbs）创立了向量分析并将其引入数学物理中，使事件的不确定性和偶然性研究找到了一个全新的角度，从而使人类在科学把握信息的意义上迈出了第一步。他认为“熵”是一个关于物理系统信息不足的量度。

我国著名的信息学专家钟义信教授认为“信息是事物存在方式或运动状态，以这种方式或状态直接或间接的表述”。

美国信息管理专家霍顿（F.W.Horton）给信息下的定义是：“信息是为了满足用户决策的需要而经过加工处理的数据。”简单地说，信息是经过加工的数据，或者说，信息是数据处理的结果。

经济管理学领域的专家认为“信息是提供决策的有效数据”。

电子学家、计算机科学领域的专家认为“信息是电子线路中传输的以信号作为载体的内容”。

从物理学上来讲，信息与物质是两个不同的概念，信息不是物质，虽然信息的传递需要能量，但是信息本身并不具有能量。信息最显著的特点是不能独立存在，信息的存在必须依托载体。

根据以上各专家对信息的研究成果，信息的概念可以概括为：信息是对客观世界中各种事物的运动状态和变化的反映，是客观事物之间相互联系和相互作用的表征，表现的是客观事物运动状态和变化的实质内容。

可以说，信息是指一切通信系统传输和处理的对象，泛指人类社会传播的一切内容。人类通过获得、识别自然界和社会的不同信息来区别不同事物，得以认识和改造世界。

（二）信息的特征

在自然界和人类社会中，各式各样的信息充斥在我们周围。例如，日月星辰是宇宙信息，春夏秋冬是季节信息，计算机程序是技术信息，新闻广播是社会信息，身高体重是生理信息。

信息本身不是一种知识，而只是一种源于物质、现象和事态的客观反映，它表现为事物发出的消息、情报、指令、数据、信号等。就其本身而言，并不具备能量，它必须通过人为的加工（如归纳、提炼、分析、组合、嫁接等）才能形成新的知识，才有可能转化为能量和生产力。而知识的综合则能上升为智慧，是对某一范围知识的升华，同时必须超越该知识范围的基本理论。因此，信息是平列的，知识是组合的，而智慧是有生命力的。然而，信息与能量、物质在空间和时间中的分布有着密切的联系，因此信息成为物质和能量之间相互联系的一种必然形式。事实上，人类的一切活动都可以归纳为以下三个过程的循环：一是从外界获取信息，二是经过人脑处理信息，三是发出信息去适应、控制外界的各种变化。

从较为普遍的角度来看，信息具有以下特征。

1. 信息无处不在

信息存在于包括家庭、民族、国家、世界等一切社会关系的人类社会；它存在于包括动物、植物、微生物等一切生命的生物界；它存在于包括陆地、天空、海洋以及太阳系、宇宙等一切自然的物理世界。

2. 信息可以而且应该能被感知

人的眼、耳、鼻、舌、皮肤、大脑等器官是感知信息、接受信息、处理信息的工具。同时，我们也可以利用一些探测手段和感知产品对信息进行识别。信息的作用只有在被人或信息产品感知、理解和使用的情况下才会体现出来。需要指出的是，由于人类的知识层次和文明层次的差异，人们认识信息的过程和利用信息的效率是有差别的，甚至有相当大的差距。

3. 信息是一种资源

信息和物质、能源同等重要，和人类的生存发展密不可分。有所不同的是，物质、能源在地球上都有一定的限度，而信息资源不仅没有限度，而且其发展只会越来越快、越来越膨胀。从物质到能源，再到信息，其对人类的作用是呈递增的趋势。如果从更广泛的角度讲，信息应该是人类一切知识、智慧、思想以及从客观世界所反映出来的各种数据、现象和内容的总和。

4.信息永远处于一种运动和变化的状态

大到春夏秋冬、日月星辰、宇宙时空的变化，小到地区人口的数量、商品市场的行情、股票价格的涨跌，甚至是人凭借感官难以观察到的声波、射线、粒子等微观现象，其反映的所有信息都在不停地运动和变化。运动和变化也是信息的基本属性。

5.信息可以为全人类共享

信息通过传输、存储、融合、再生，可以为全人类所共享，这是信息的一个最为重要的特征。人类社会的信息化程度越高，人们的综合分析能力和系统整合能力也就越强，人类活动的有序度和达成度就越高。人们通过对信息的分析、综合、交融、嫁接，可以产生出无穷的新信息，形成无穷的新知识，创造出无穷的新智慧。人类一代一代地生存繁衍，正是在这种无限循环的信息创造活动中，分工逐渐细化，大脑逐渐发达，智商逐渐提高，从最初的古猿变成了人，从原始人变成了现代人，特别是通过历史上四次信息革命（语言、文字、电磁波、计算机和互联网），使人类世界进入现今的程度。

三、信息产品

（一）信息产品的本质属性

信息产品是指在信息化社会中产生的以传播信息、整合信息、利用信息等以信息为核心的服务性产品。信息产品是凝聚着人类劳动和智慧的结晶。新闻产品、媒体产品、广告产品、软件产品、智能产品等都是信息产品的主要内容。

信息产品由信息内容及信息载体两部分构成。信息内容与信息载体是信息产品不可分割的两个方面：没有信息载体，也就不存在信息内容，更谈不上信息产品；没有信息内容，信息载体的独立存在只能称为物质产品，而不是信息产品。

信息产品作为现代社会和经济活动的一种最重要的信息载体和设计成果，作为现代产品的一个重要组成部分，其具有以下三个本质属性。

1.信息产品是信息含量很高的产品

信息产品是对未经加工的信息资源进行加工，或对已加工的信息资源进行再加工而形成的产品，是开发信息资源的结果。

信息产品以信息为原料，并在其生产过程中加入了人们的信息劳动，这使信息产品中必然包含着很多的信息。可以说，信息是构成信息产品的主要成分。虽然物质产品中也包含着信息，但形成物质产品的原材料是物质，其产出物也是以物质为主，所以信息产品中的信息含量远大于物质产品中的信息含量。

以信息为其生产过程的起点和终点是信息产品的一个重要的本质特征。

2.信息产品是信息劳动的结晶

这一本质属性包含着两个方面的内容：一方面，信息产品首先必须是劳动的产物，没有经过劳动加工、没有凝聚人类劳动和智慧结晶的信息资源不是信息产品。自然界中的动植物和其他自然现象所发出的信息，以及人类社会中产生的原始信息，都不是信息产品。这是信息产品区别于一般信息的重要标志。

另一方面，信息产品必须是以信息劳动为主要生产过程的产品。信息劳动是一种智力劳动，而智力劳动是对智力要求较高、对体力要求较低的劳动。从一般意义上说，信息劳动与信息活动有关，但并非所有的智力劳动都是信息劳动，信息劳动是由知识进步所引起的为满足人类发展需要的一种智力集约化劳动。因此，在信息产品生产过程中，智力占有相当大的比例。

3.信息产品是以满足人们的信息需求为主要功能的产品

任何产品都能满足一定的社会需求，其可分为精神需求和物质需求两大类。而信息需求是人们在工作、生产和生活中对信息、知识和情报等的需求，既可以用来直接满足人们的精神需要，也可以用于物质产品的生产和信息产品的生产，从而生产出质量更高、性能更好的物质产品和信息产品，间接地丰富人们的精神生活和改善人们的物质生活。

（二）信息产品的特点

1.风险性

与物质产品不同，人的智力因素在信息产品的生产过程中有着举足轻重的地位。一是如同科学研究、技术发明不一定都能取得成功，信息产品的生产也有可能取得与预想完全相反的结果，甚至失败；二是即使是现有信息的加工，也存在着因信息取材不全、分析方法不当、推理错误等过失导致从正确的信息中产生错误的信息产品的现象。因此，信息产品的生产存在着一定的风险性，即信息生产的结果很有可能得不到预期的产品，或者得到完全错误的信息产品，而且，后者要比前者的危害性更大。

2. 共享性

借用萧伯纳的名言来说明信息产品的共享性："你有一个苹果，我有一个苹果，我们互相交换，每人还是只有一个苹果。如果你有一种思想，我也有一种思想，我们相互交流，每人就各有两种思想。"由此可见，信息产品具有共享性，而信息产品的共享性包括无偿共享和有偿共享两种情况：无偿共享是指信息产品使用者无须支付任何费用就可以获得信息，如广播、电视等就属于无偿共享；而有偿共享则是指信息产品使用者必须支付一定的费用才能获得某种信息，如从技术市场上获得的信息就是有偿共享。

3. 社会性

作为凝聚着人类劳动和智慧结晶的信息载体，信息产品具有明显的社会性。

首先，信息是人类的财富，信息产品在生产过程中集中体现了人的智力水平。以科学研究为例，科学家必须要在大量吸收前人和同时代人的研究成果上，取长补短，并加上自身的思考，才能完成一项发明创造。

其次，随着现代社会的发展，整个人类生活比以往任何时候都更依赖于社会整体，人们相互依存、相互服务，人们必须用更多的时间和精力来获取、处理和利用信息。科学研究表明，处于与世隔绝的人即使有充足的物质生活保障，也会变得极度苦恼，甚至丧失理智。这充分证明了维纳的著名论断："信息是社会的黏合剂。"

最后，信息产品除了在设计生产过程中要受到生产者的智力因素影响以外，在交换与使用过程中也会受到信息接收者的心理因素、智力因素等方面的制约。例如，人脑接收信息的选择性、接收者对信息的"过滤"、心理上的障碍、因知识背景的不同而导致的理解上的差异等，都会影响人们对信息的吸收和利用。

4. 针对性和时效性

从效用角度看，信息产品具有针对性和时效性，分别体现在微观和宏观方面。

微观上，各种社会信息只是在特定的时间对特定的使用者有用。当特定的用户产生了某一需求之后，只有能帮助他（她）解决问题的信息才有价值。如果不是该用户当前需要的信息，无论质量多好、价值多高，对该用户也没有任何意义。

宏观上，在社会的信息传递过程中，存在着"当用信息"现象，并且“当用信息”随社会的发展变化而不断变化。这种变化具体表现在，新信息不断加入“当用信息”中，同时有一部分原有的“当用信息”随着时间的推移而利用价值下降。这部分信息被称为“过时信息”或“老化信息”。

5.依附性

信息产品不是物质产品，但必须通过物质产品表现出来。换句话说，任何一个信息产品必定有相应的物质载体作为不可缺少的组成部分；信息产品要依附于物质产品，并且以物质产品为中介进行信息传递。既然信息产品具有依附性，要依附于物质产品，那么，如何区分一个产品是物质产品还是信息产品呢？一般认为，应该以用途为标准。例如，笔记本是物质产品，而图书是记载、传播知识的载体，是信息产品；水杯是物质产品，而带有刻度的烧杯则是监测、获取信息的信息产品，这是由图书和烧杯的用途所决定的。

（三）信息产品的分类

信息产品可以从不同的角度进行分类（图1–2）。

（1）按照信息的内容性质，可以将信息产品分为政治信息产品、军事信息产品、科技信息产品、经济信息产品、法律信息产品、文化信息产品等。

（2）按照信息的商品化程度，可以将信息产品分为商品化信息产品和非商品化信息产品。

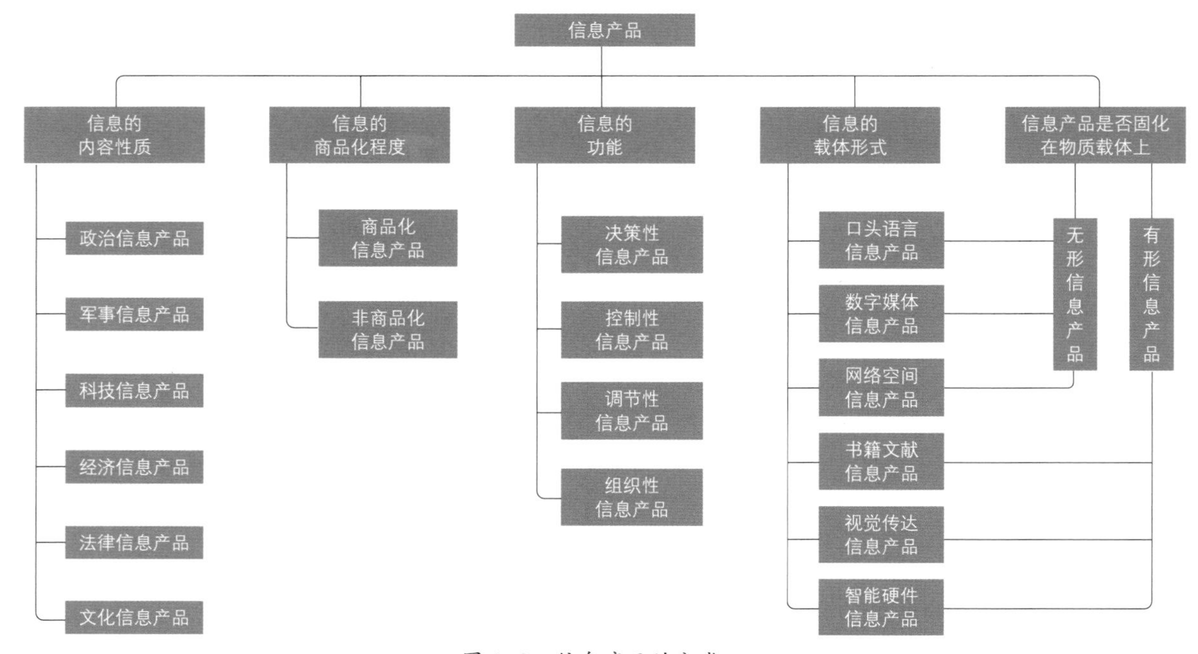

图1–2 信息产品的分类

（3）按照信息的功能，可以将信息产品分为决策性信息产品、控制性信息产品、调节性信息产品、组织性信息产品等。

（4）按照信息的载体形式，可以将信息产品分为口头语言信息产品、数字媒体信息产品、网络空间信息产品、书籍文献信息产品、视觉传达信息产品、智能硬件信息产品等。

（5）按照信息产品是否固化在其物质载体上，可以将信息产品分为无形信息产品和有形信息产品两大类。无形信息产品是指无固定物质载体的信息产品。这类信息产品是可以脱离物质载体而存在，或者以人脑为贮存载体，或者以声波、电磁波、数字化、网络化形式存在的一种特殊的信息产品，也可称为“信息服务”。例如，口头语言信息产品、数字媒体信息产品、网络空间信息产品就属于无形信息产品。有形信息产品是指信息必须依附于物质载体存在的信息产品，也可称为“信息物品”。例如，书籍文献信息产品、视觉传达信息产品、智能硬件信息产品均属于有形信息产品。

鉴于工业设计与产品设计的教学要求，本书在后续章节所研究和讲述的信息产品主要是指具有物质载体的有形信息产品。

第二节 我国传统信息产品

人类发现电磁波之后，信息的传递与处理实现了质的飞跃，世界各国的距离缩短了，存储的信息量呈几何倍数增长，信息的处理速度和效率大幅度提升，但这不过二百多年的历史。事实上，人类在没有发现电磁波和发明计算机之前，就已经在信息的获取、记录、传播、处理和应用等方面发展得非常成熟，这经历了数千年的探索和积累。期间产生的一些传统的信息产品在人们现代生产生活中仍然发挥着重要的作用。

传统信息产品的发展经历了数千年的历史，涉及人类生产生活的方方面面，数量巨大，类别也非常庞杂。有的传统信息产品主要负责信息的监测与获取，以供人们进一步地处理信息并做出相应的后续决策；有的主要负责信息的记录与存储，供人们复制、学习和传承，推动了人类文明的发展；有的主要负责信息的运算与处理，帮助人们提高运算、分析和研究信息的效率和强度，大大提升了人们的智力水平；有的主要负责信息的发出与传递，以供人们接收不同形式和意义的信息，起到警示、提示、参与人们生产生活的作用。当然，让传统信息产品同时具备多种信息功能还比较困难。

实际上，发出和传递的信息，正是源于信息获取和处理的结果，而信息发出和传递出去之后，又会被其他的信息产品监测和获取，从而形成一个“信息监测与获取—信息记录与存储—信息运算与处理—信息发出与传递”的闭环（图1–3），而且是一个逐步进阶、向前发展的闭环。这也正是人类文明发展的推动力量和本质属性，其中信息产品起到了至关重要的作用。

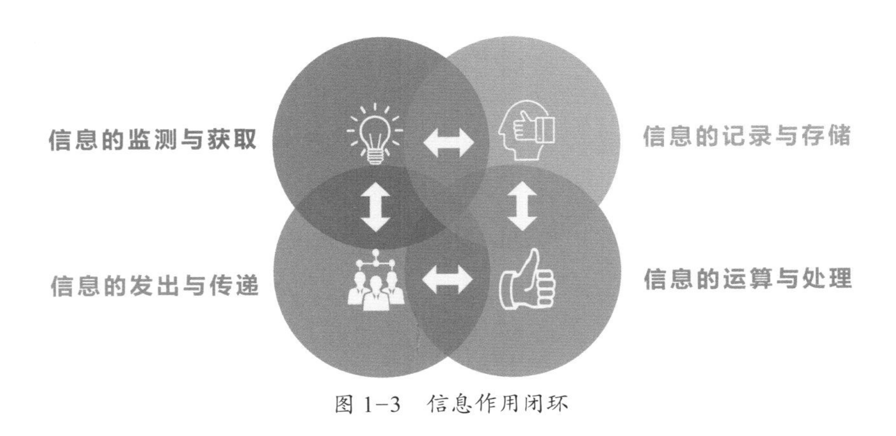

图 1–3　信息作用闭环

一、信息监测与获取的信息产品

（一）计时工具

1. 圭表

圭表是度量日影长度的一种计时仪器，由“圭”和“表”两个部件组成，垂直于地面的直杆叫“表”，水平放置于地面上并刻有刻度以测量影长的标尺叫“圭”（图1–4）。圭表是利用日影进行测量的古代计时仪器，测量方式被称为“高表测影法”。所谓高表测影法，通俗地说，就是立一根垂直于地面的杆，通过观察记录它每日正午时影子的长短变化来确定季节的变化。

对公元前20世纪陶寺遗址的考古研究表明，我国中原地区在当时就已开始使用高表测影法。到了汉代，有学者还采用圭表日影长度确定了“二十四节气”，采用高表测影法定出黄河流域的日短至（一年中白昼最短的一天）作为冬至日，并以冬至日为“二十四节气”的起点，将一个冬至日到下一个冬至日的时间段分割为24段（每段15日），平均了每两个节气之间的天数。古人把这种方法叫“平气法”（又称“平

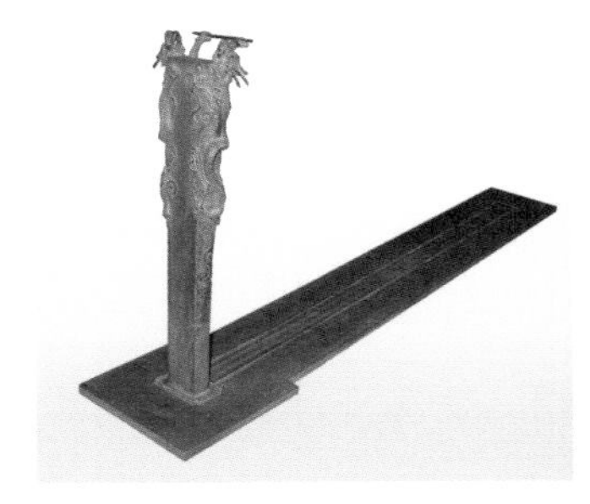

图 1–4　圭表

图 1-5 日晷

均时间法”)。能够先测出冬至日是因为冬至时影子最长，其相邻几天的影长变化最为明显。这样，圭表不仅可以用来制定节令，而且可以用来在历书中排出未来的阳历年以及二十四节气的日期，作为指导汉族劳动人民农事活动的重要依据。

2. 日晷

日晷是观测日影计时的仪器，主要是根据日影的位置，以测定当时的时辰或刻数，是我国古代较为普遍使用的计时仪器（图1-5）。

“日晷”的名称是由“日”和“晷”两字组成。“日”指“太阳”，“晷”指“日影”，合起来，“日晷”的本义即为“太阳的影子”，现在一般指作为计时仪器的含义。

日晷通常由铜制的指针和石制的圆盘组成。铜制的指针即是“晷针”，其垂直地穿过圆盘中心，与圭表中立杆的作用相同，因此，晷针又叫“表”；石制的圆盘叫作“晷面”，安放在石台上，呈南高北低，使晷面平行于天赤道面，这样，晷针的上端正好指向北天极，下端正好指向南天极。

晷面两面都有刻度，分为子、丑、寅、卯、辰、巳、午、未、申、酉、戌、亥十二个时辰，每个时辰等于2小时，这正相当于现今的24小时。绝大部分的日晷显示的都是真太阳时，有些在设计上作了变更，可以显示标准时或是夏令时。

在一天中，被太阳照射到的晷针投下的影子在不断地改变着。一是影子的长短在改变，早晨的影子最长，随着时间的推移，影子逐渐变短，一过中午它又重新变长；二是影子的方向在改变，因为我们在北半球，所以，影子的移动方向为由西向东，即早晨的影子在西方，中午的影子在北方，傍晚的影子在东方。从原理上来说，根据影子的长度或方向都可以计时，但根据影子的方向来计时更方便一些。所以通常都是以影子的方位计时。

日晷不但能显示一天之内的时刻，还能显示节气和月份。但它的缺点也显而易见：笨重且不能随意移动；看不到阳光的时候不能使用，如阴天和晚上。

人类使用日晷的历史非常久远，古巴比伦在距今6000年前左右开始使用，中国则是在3000多年前的周朝。并且这项发明被人类沿用达几千年之久，直至1270年才在意大利和德国出现早期的机械钟，而中国则是在明代万历二十九年（1601年）才得到两座自鸣钟，清代虽有很多进口和自制的钟表，但都多为王公贵族所用，一般平民百姓还是看天晓时。

3. 漏刻

漏刻是古代的一种计时装置，又称刻漏（图1–6）。

图 1–6 漏刻

漏刻由漏壶和标尺两部分构成。其中漏壶最初只有两个，上壶滴水，称为泄水壶，下壶盛水，称为受水壶；标尺用于标记时刻，使用时置于壶中，也被称为箭。

漏刻的工作原理是将水注入最上方的泄水壶，水便从按顺序摆放的几个漏壶里由高到低地依次滴下来，最后滴到最底层的有标尺的壶里，随着下方受水壶内的水增多，标尺也随之上浮，人们就可以根据标尺上的刻度来读取时间。

最早的漏刻也称为箭漏，就有标尺被称为箭的原因。箭下以一只箭舟相托，浮于水面。当水流出或流入壶中时，箭杆相应下沉或上升，以壶口处箭上的刻度指示时刻。

漏刻是一种典型的等时计时装置，计时的准确度取决于水流的均匀程度。早期漏刻大多使用单只泄水壶，滴水速度受壶中液位高度的影响，液位高，滴水速度较快，液位低，滴水速度较慢。为解决这一问题，古人进一步创制出多级漏刻装置。所谓多级漏刻，即使用多只漏壶，上下依次串联成为一组，每只漏壶都依次向其下一只漏壶中滴水。这样一来，对处于下方的泄水壶来说，因为有在其上方的一只泄水壶以同样速率的来水补充，壶内液位基本保持恒定，其自身的滴水速度也就能保持均匀。

4. 沙漏

图 1–7 沙漏

沙漏也叫沙钟，是一种计时装置（图1–7）。它有由两个白色的座子和三根透明的柱子搭成，中间是两个水滴形状的透明玻璃球组成的“葫芦”的形制，也有纯以两个水滴形状的透明玻璃球组成的形制。它的玻璃球里有许多沙粒，这些沙粒能通过小孔从一个玻璃球流向另一个玻璃球。

沙漏与漏刻的工作原理大体相同，都是依靠重力的作用进行工作。漏刻是根据从泄水壶流到受水壶的水量来计时，而沙漏则是根据从上方玻璃容器漏到下方玻璃容器的沙量来计时。

沙漏根据处于上方的玻璃球中的沙粒从穿过中间狭窄的管道到流入底部玻璃球所需要的情况来对时间进行测量。一旦所有的沙子都已流到位于底部的玻璃球，该沙漏就可以被再次颠倒进行新的时间测量，一般沙漏有一个名义上的运行时间，即1分钟。

5. 火钟

图 1–8 火钟

火钟（图1–8）和我们现在的钟表一样，是一种计量时间间隔的工具。火钟是利用燃烧预定的燃料的速度来计时的，预定的燃料一样多，燃烧的速度一样快，所用的时间就一样长。

火使人类开始吃上熟食，给人类带来光明，火也被人类用来计时，这就是古代的火钟。可以想象，在古代，人们白天从事农业生产，可以靠观察太阳的“移动”来计量时间，但夜里漆黑一团，用什么来计时呢？闪动的篝火给人以启示——人们发现，一定数量的同一种燃料，燃烧的时间大致相同，于是想到用火的燃烧来计时，就发明了火钟。

有一种火钟叫“定时蜡”，其本身的“燃料”种类和数量已经确定，在燃烧时，只要周围环境变化不大，蜡烛燃烧的速度也就基本相同，那么烧完一支蜡烛的时间也就大体一样。如在蜡烛上刻上相应的记号，就可以用它来计量时间间隔了。

我国古代还发明了“火闹钟”，这种火钟是由我们平时所熟知的盘香构成。将一些特殊树本磨成粉末，并加入一些香料，合成“面团”，就可以制成盘香，大的盘香几公尺长，可以燃烧几个月。如在盘香的特定位置上装上几个金属球，盘香下面再放一个金属盘，当燃烧到某一特定位置时，金属球就会落在金属盘里，发出清脆的响声。

但火钟计时的精度不可能做得很高，因为火钟的燃烧速度总是取决于燃烧条件，至于制造完全相同的蜡烛、盘香更是不可能的事。而当燃烧条件和燃料两个因素都不确定，燃烧速度也在变化时，计时精度自然就低了。再加上火钟还需要有人定期看管，所以用火钟来计时具有一定的局限性，这就促使人们继续探索更精确的计时器。

6. 水运仪象台

水运仪象台（图 1-9）是北宋时期苏颂、韩公廉等人发明制造的以漏刻水力驱动的，集天文观测、天文演示和报时系统为一体的大型自动化天文仪器，标志着中国古代天文仪器制造史上的高峰，被誉为世界上最早的天文钟。

图 1-9　水运仪象台

水运仪象台的构思广泛吸收了以前各种仪器的优点，尤其是汲取了北宋初年天文学家张思训所改进的自动报时装置的长处；在机械结构方面，采用了民间使用的水车、筒车、桔槔、凸轮和天平秤杆等机械原理，把观测、演示和报时设备集中起来，组成了一个整体，成为一部自动化的天文台。

国际上对水运仪象台的设计给予了高度的评价，认为水运仪象台为了观测上的方便，设计了活动的屋顶，是今天天文台活动圆顶的祖先。从水运仪象台可以反映出中国古代力学知识的应用已经达到了相当高的水平。

根据《新仪象法要》记载，水运仪象台是一座底为正方形、下宽上窄略有收分的木结构建筑，高大约有12米，底宽大约有7米，共分为三大层。上层是一个露天的平台，设有浑仪一座，用龙柱支持，下面有水槽以定水平。浑仪上面覆盖有遮蔽日晒雨淋的木板屋顶，并且为了便于观测，屋顶可以随意开闭，构思巧妙。露台到仪象台的台基约有7米。中层是一间没有窗户的"密室"，里面放置浑象天球（一种表现天体运动的演示仪器）。天球的一半隐没在"地平"之下，另一半露在"地平"的上面，靠机轮带动旋转，一昼夜转动一圈，真实地再现了星辰的起落等天象的变化。下层包括报时装置和全台的动力机构等，设有向南打开的大门，门里装置有五层木阁，木阁后面是机械传动系统。

下层的木阁就是水运仪象台的报时装置，每层木阁内都有相应的机轮或轮辋，上挂抱牌木人。这些机轮都装在一根机轮轴上，机轮轴由传动机构和天柱相连。天柱是贯通全台上中下三隔的传动轴，天柱下有个下轮，与枢轮轴伸出的地毂相结合。当作为原动轮的枢轮转动时就经过地毂传动，使天柱旋转起来，由此带动全仪。

其运转需要依靠下隔的中央部分的枢轮，枢轮顶部和边上附设一组杠杆装置，它们相当于钟表中的擒纵器。在枢轮东面装有一组两级漏壶。壶水注入水斗，斗满时，枢轮即往下转动。在枢轮转动中，各斗的水又陆续回到退水壶里。另有一套打水装置安置在下隔的北部，由打水人搬转水车，把水打回到上面的一个受水槽中，再由槽流入下面的漏壶中去。因此，水可以循环使用。即整个机械轮系的运转需要依靠水的恒定流量推动水轮做间歇运动，从而带动仪器转动。

（二）度量衡工具

度量衡是指在日常生活中用于计量物体长短、容积、轻重的物体的统称。度量衡的发展大约始于原始社会末期。地域和国情不同，计量统计方式也就不同。

1.度

度，是计量物体长短用的器具的统称，是长度单位的名称，产生较早。上古时都是以人身体的某个部分或某种动作为命名依据的，如寸、咫、尺、丈、寻、常、仞等。在这些名称中，尺是长度的基本单位。一尺（图1-10）的长度与普通成年人一手的长度相近，容易识别，所以古时就有"布手知尺"的说法。此外，仞是量深度的使用单位，并且单独构成一个系统。仞与尺的比例关系，一向没有明确的定数，说一仞为四尺、五尺、六寸、七尺、八尺的都有，一般认为是八尺。

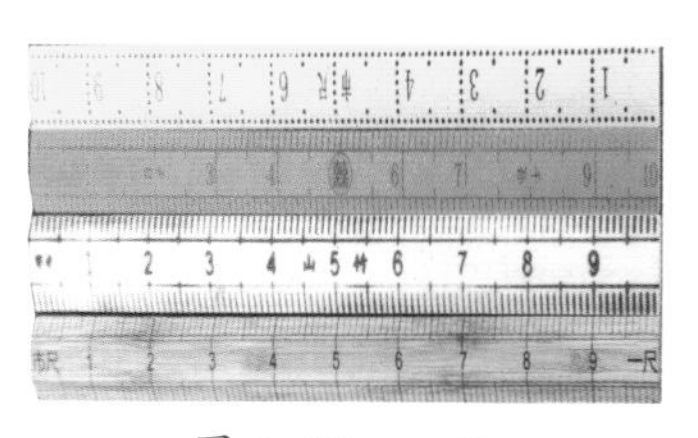

图1-10　一尺

周代以前的长度单位的名称，经过《汉书·律历志》的整理，保留了寸、尺、丈三个，并在寸位以下加一“分”位，丈位以上加一“引”位，都是按十进位，这就是所谓的“五度”。长度小单位一般都是算数学者使用，所谓“度长短者，不失毫厘”，只是表示测量时应该具有微小数的精度的意思。《孙子算经·上卷》有“蚕所吐丝为忽，十忽为一秒，十秒为一毫，十毫为一厘，十厘为一分”的说法。忽、秒、毫、厘、分即是从前算术上专用的小数名称和长度小单位名称。宋代，秒被改为丝；清末时，长度小单位定到毫为止。

2.量

图 1-11　斗

量，是测算物体容积的器皿的统称。量器是封建社会用于计量农产品多少的主要器具，因此容量的计量单位产生很早，它的单位名称也较复杂。在《左传》《周礼》《仪礼》《尔雅》等经典中都有关于容量单位的记载，其专用名称有升、斗（图1-11）、斛、豆、区、釜、钟以及溢、掬等。同长度相似，周代以前容量单位命名也是以人的某种动作为命名依据，以一手所能盛的叫作溢，两手合盛的叫作掬，掬是最初的容量的基本单位。据《小尔雅·广量》说“掬四谓之豆”、《左传·昭公三年》说“四升为豆”两种说法，掬就是升。升的本义是“登”“进”，两手所盛是基本的容量数，然后从这个数登进，按四进位有豆、区、釜，按十进位有斗、斛。所以升（即掬）是容量的基本单位。

后来《汉书·律历志》对容量单位作了系统的整理，命名为龠、合、升、斗、斛五量，一合等于二龠，合以后都是十进制。宋以后一斛为五斗。升是容量的基本单位，斗和斛则为实用单位。至于《说苑·辨物》云“十龠为一合”的说法与之不同，可资参考。此处附带提一下石，石本来是重量单位，一石为一百二十斤，但自秦汉开始，石也作为容量单位，与斛相等。

关于容量的小单位，《孙子算经·上卷》：“六粟为一圭，十圭为抄，十抄为撮，十撮为勺，十勺为合。”除了“六粟为一圭”，其余圭、抄、撮、勺以及合、升、斗、斛八个单位都是按十进位。这种计算方法，自汉代以后一直都有采用。

3.衡

衡，是测量物体轻重的工具的统称，如杆秤（图1-12）是比较典型的衡器。很早以来，铢、两、斤、钧、石五者都用作重量的单位。但古时对重量单位的说法复杂不一。例如，《孙子算经·上卷》：“称之所起，起于黍，十黍为一絫（‘累’的古字），十絫为一铢，二十四铢为一两。”《说苑·辨物》：“十粟重一圭，十圭重一铢。”《说文·金部》：“锱，六铢也。”《淮南子·铨言》高诱注：“六两曰锱。”《玉篇·金部》：“镒，二十两。”《集韵·质韵》：“二十四两为镒。”“黍”“粟”“絫（累）”“圭”等，都是借用粟黍和圭璧的名称，实际上早已不用。“锱”“镒”及“锾”“釿”等都是借用古代钱币的名称，也早就不用。所以以上各家说法中的重量单位即使用了相同名称，实际并不相同。自《汉书·律历志》把铢、两、斤、钧、石这五个单位命名为五权之后，名称才比较一致起来，直至唐代都没有改变。

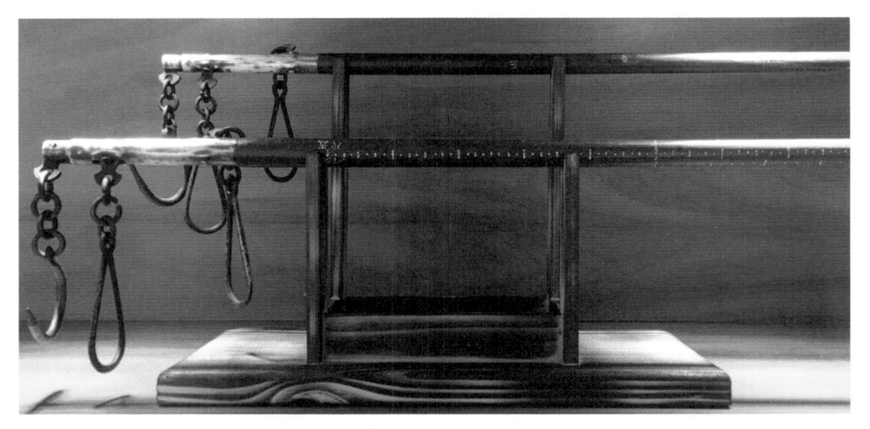

图 1–12　杆秤

以上计量单位中的其进位方法颇值一提：二十四铢为一两，十六两为一斤，三十斤为一钧，四钧为一石。关于使用两以下的钱、分、厘、毫、丝、忽等小单位，据南朝齐梁陶弘景《名医别录》：“分剂之名，古与今异，古无分之名，今则以十黍为一铢，六铢为一分，四分成一两。”唐代苏敬注云：“六铢为一分，即二钱半也。”可见自唐代起，已把本作为货币的“钱”当作重量单位，并且“积十钱为一两”，但那时分的进位还没有确定为钱的十分之一。再说分、厘、毫、丝、忽等，原是长度小单位和小数名称，后借用为重量单位名称，自宋代开始定为钱的按十退位的小单位。宋代衡的改制废弃了铢、絫（累）、黍等名称，其重量单位名称自大到小依次为石、钧、斤、两、钱、分、厘、毫、丝、忽，其进位方法已如前述。宋制衡量一直沿用至清代，期间很少改易。但有一点须指出，宋元明清的医方，凡言“分”者，是分厘之“分”，而晋唐时一分则为两钱半，二者有所不同。

（三）监测仪器

1. 地动仪

地动仪（图 1–13）是中国东汉时期的张衡所创造的传世杰作。

图 1–13　地动仪

地动仪有八个方位，分别对应东、南、西、北、东南、西南、东北、西北八方，每个方位上均有口含龙珠的龙头，在每条龙头的下方都有一只蟾蜍与其对应。任何方向如有地震发生，对应方位的龙口所含龙珠即会落入下方蟾蜍口中，由此便可测出发生地震的大致方向。

张衡所处的时代，地震比较频繁。据《后汉书·五行志》记载，自永元四年（92年）到延光四年（125年）的三十多年间，共发生了二十六次大地震。地震波及的区域有时大到几十个郡，引起地裂山崩、房屋倒塌、江河泛滥，造成了巨大的损失。张衡对地震有不少亲身体验，而为了掌握全国地震动态，他经过长年研究，终于在阳嘉元年（132年）发明了候风地动仪——是世界上第一架地震仪。当时利用这架仪器成功地测报了西部地区发生的一次地震，引起全国的重视。这比西方国家用仪器记录地震的历史早一千七百多年。

2. 指南针

指南针是中国古代四大发明之一，在古代叫司南（图1–14、图1–15）。在组成部分中起到关键作用的是一根装在轴上的磁针，磁针在天然地磁场的作用下可以自由转动并保持在磁子午线的切线方向上，磁针的南极指向地理南极（磁场北极）。人们利用磁针这一性能辨别方向，常用于航海、大地测量、旅行及军事等方面。

图 1–14　指南针

指南针的发明是建立在司南、罗盘和磁针三者的基础之上，三者均属于中国的发明。其形成经历了从天文学方法定位、再以磁学方法制成司南、最后由司南演变成指南针的三个阶段，同时测定方位技术也在不断完善。

（1）司南。司南是中国古代辨别方向用的一种仪器，是古代劳动

图 1-15　司南

人民在长期的实践中对物体磁性产生认识后的发明。据《古矿录》记载，最早的司南出现于战国时期的河北磁山（现河北省武安市磁山县）一带，近代考古学家猜测应是用天然磁铁矿石琢成一个勺形的东西，放在一个光滑的盘上，盘上刻着方位，可以利用磁铁指南的作用辨别方向。

（2）磁针。指南针的发明是在一段很漫长的时间中，慢慢改进的结果，不同时期以不同的形式出现。唐代堪舆家的活动相当活跃，并开始强调方向的选择，寻找更方便的指向器成了当务之急。于是指南鱼、蝌蚪形铁质指向器及水浮磁针应运而生。

磁针问世后，先后被用于堪舆和航海。

（3）罗盘。为了使用方便、读数容易，加上磁偏角的发现，人们对磁针的使用技巧提出了更高的要求。于是，人们将磁针与分度盘相结合，创制了新一代指南针——罗盘（图 1-16）。罗盘主要由位于盘

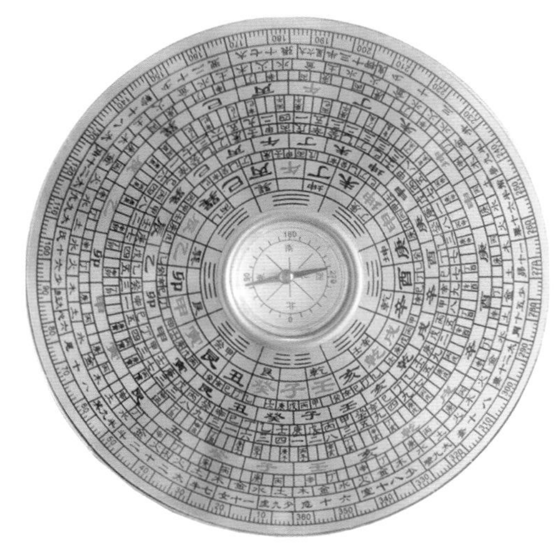

图 1-16　罗盘

中央的磁针和一系列同心圆圈组成，每一个圆圈都代表着中国古人对宇宙大系统中某一个层次信息的理解。

二、信息记录与存储的信息产品

（一）结绳记事

结绳记事指远古时代人类摆脱时空限制记录事实、进行传播的一种手段（图1-17）。它发生在语言产生以后、文字出现之前的漫长年代里。

图1-17 结绳记事

在一些部落里，为了把本部落的风俗传统和重大事件以及传说记录下来、流传下去，便用不同粗细的绳子，在上面结成不同距离的结，结有大有小，不同的结法、距离、大小以及绳子粗细表示不同的意思，由专人（一般是酋长和巫师）循一定规则记录，并代代相传。

结绳记事是一种相对于那个时代而言，非常先进的记录方式，配合语言使用会事半功倍。并且一旦掌握结绳记事的方法，实际上是终生不忘，不会因为时间久了就会忘记某一个绳结的意义。但结绳记事非常复杂，甚至比现代的一门文字更加烦琐，例如，颜色上，绳子至少可以用七种彩色以及黑白两色，共九种颜色，并赋予每种颜色特定，含义；材质上，绳子可以用动物毛、树皮、草、麻等制成，有几十种类别；粗细上，最少能够分成粗、中、细三种不同规格的绳子；经纬上，有横向绳子，也有纵向绳子，有主绳，也有支绳。

将上述不同绳子结出结，就能构成最基本的几百个绳结词汇，组合起来就能够进行完整有效的记载。

结绳记事最大的问题，就是表达烦琐，编制需要时间，而保存也非常困难，能够表达的意思又实在有限，相对于甲骨文而言，显得过于臃肿烦琐，所以最终在历史中被淘汰。但这并不能说明这一种古老的记录方式毫无用处，甚至有可能“八卦”就是由结绳记事演变而来，一个结代表“阳”，两个靠近的结代表“阴”，摒弃烦琐的各种材料和颜色，单纯只用绳结来表达意思。

（二）甲骨文

甲骨文（图1–18），是中国的一种古老文字，是我们能见到的最早的成熟汉字，又称“契文”“甲骨卜辞”“殷墟文字”或“龟甲兽骨文”，主要指中国商朝晚期王室用于占卜、记事而在龟甲或兽骨上契刻的文字，是中国及东亚已知最早的成体系的文字的一种载体。

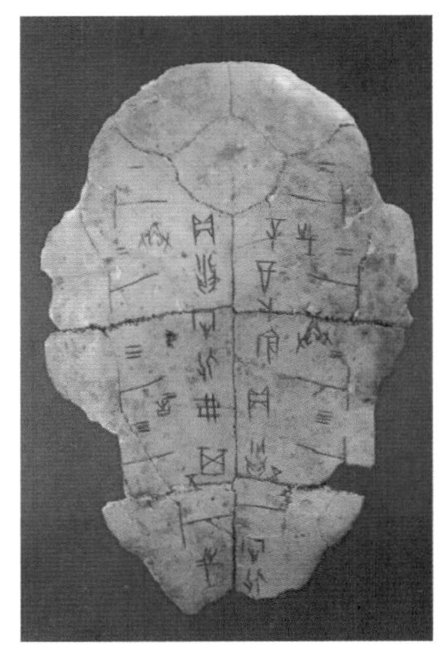

图 1–18 甲骨文

甲骨文最早是被河南安阳小屯村的村民们所发现，但当时他们不知道这是极具有价值的文物，只当作包治百病的药材“龙骨”使用，把许多刻着甲骨文的龟甲、兽骨磨成粉末。直到晚清金石学家王懿荣于光绪二十五年（1899年）因治病去抓药，才发现“龙骨”上文字的价值，并进行深入研究，成为甲骨文研究的奠基人。而在河南其他地区和陕西发现的甲骨文，年代可从商晚期（约公元前1300年）延续到春秋。

甲骨文从字体的数量和结构方式来看，已经是发展到有较严密系统的文字。并且已具备书法的三个要素，即笔法、结体、章法。汉字的“六书”原则，在甲骨文中都有所体现，但是原始图画文字的痕迹还比较明显，象形意义也比较明显。

（三）简牍

简牍是对我国古代遗存下来的写有文字的竹简（图1–19）与木牍（图1–20）的概称。用竹片写的称“简策”，用木版（也作“板”）写的叫“版牍”。超过100字的长文，就写在简策上。简是古代书籍的基本单位，相当于现今的一页。一枚简策称为简，常写一行直书文字。字数较多的，写在数简上，编连在一起，称为“册”。长篇文字内容成为一个单位的，叫作“篇”，一“篇”可能含有数“册”。

不到100字的短文，便写在木板上。而写在木版上的文字大多数是有关官方文书、户籍、告示、信札、遗册及图画。文字内容不同，其称谓就不同，如军事的文书叫“檄”；用于告示者称为“榜”；将信写于木版，然后再加一版叫作“检”；在检上写寄信人和收信人的姓名、地址叫作“署”——这也是信封的起源，然后将两版合好捆扎，在打结的地方涂上黏土，钤上阴文印章，在黏土上出现凸起的阳文，

图 1-19　竹简

图 1-20　木牍

这就是“封”，使用的黏土叫“封泥”。由于写信的木板，通常只有一尺长，故信函又叫“尺牍”。“笺”是古代一种短小的简牍，是供读书者随时注释用，它系在相应的简以备参考之用。现今人们所说的笺注就是起源于此。从简、策、籍、笺、檄、榜、检等从竹、木字形上看，都反映出简牍的制成材料。

简牍的书写工具有笔、墨、刀。简牍上的文字用笔和墨书写，刀的主要用途是修改错误的文字，并非用于刻字。先秦简牍多用古文、篆文，秦始皇统一中国后，通行隶书，字体变圆为方，于是公文、信函多用隶书。

（四）铜器铭文

铜器铭文，是指古代青铜器上的文字（图1-21～图1-23），也称金文、钟鼎文。目前留存较多的是商、周铜器铭文，周代铜器铭文内容比较丰富，是研究当时语言、文字的重要资料，并有一定的文学价值。

图 1-21　西周柞伯簋

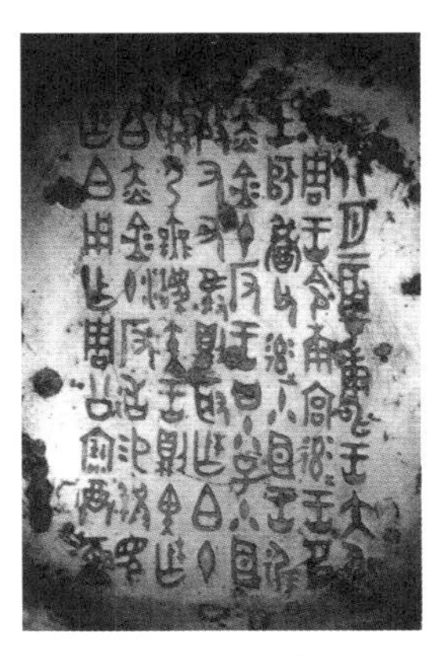

图 1-22　柞伯簋铭文

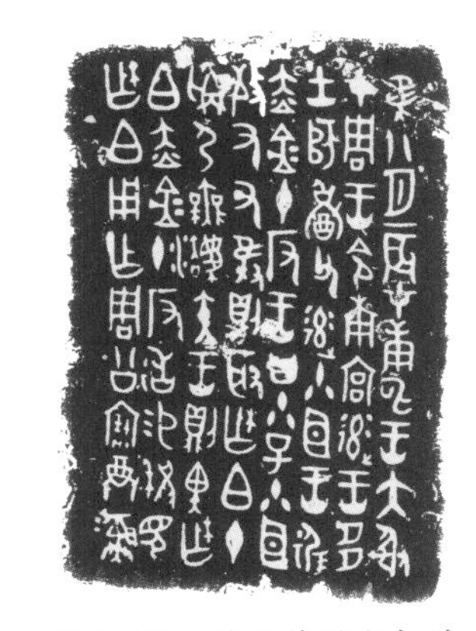

图 1-23　柞伯簋铭文拓片

商代至春秋的铭文，一般是铸成的，内容多记载奴隶主、贵族的祭典、训诰、征伐功勋、赏赐策命和盟誓契约等，简单的铭文仅以一二字标出奴隶主或其氏族的名称。商代铜器铭文内容较短，西周后才有长篇铭文。现存最长的铭文，见于西周晚期的毛公鼎，计32行，497字。战国时期的铭文，大多是刻成的，内容以记载作器工名、器物所有者和使用地点为主。

在铜器铭文字体的流变上，商代近似甲骨文，西周前期风格雄健，中后期趋向规整；东周时期向多样化发展，出现了鸟篆等艺术字体，各国文字也不统一；到秦代统一文字，才结束了字体不统一的局面。青铜器铭文，是研究我国奴隶制社会和早期封建社会的重要史料，也是研究当时汉字发展的珍贵资料。

（五）帛书

帛书是中国古代写在绢帛上的文书，又名缯书，是以白色丝帛为书写材料，其起源可以追溯到春秋时期。目前，已出土楚帛书和汉帛书，现存实物以子弹库出土的楚帛书为最早。

楚帛书（图1–24）发现于长沙子弹库楚墓，1942年被盗出，今存

图1–24　楚帛书

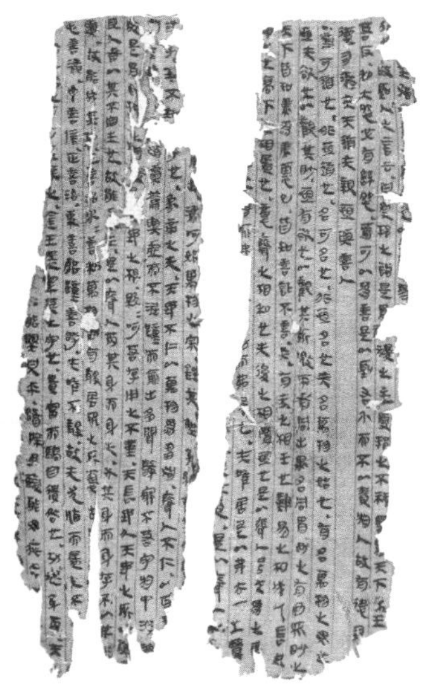
图1-25　汉帛书

美国大都会博物馆。宽约38.7厘米，长约47厘米，墨书楚国文字，共900余字。帛书四周有12个神的图像，图像为彩绘，每个图像周围有题记神名，而在帛书四角有植物枝叶图像。帛书内容奇诡难懂，一般被认为是战国时期数术性质的佚书，与古代流行的历忌之书有关。

汉帛书（图1-25）主要发现于长沙马王堆3号墓。此外，1979年在敦煌马圈湾汉代烽燧遗址也发现一件长条形帛书，是裁制衣服时留下的剪边，墨写隶书30字，记载边塞绢帛价格和来源。

（六）黄历

黄历（图1-26）又称老黄历、皇历、通胜等，是一种能同时显示公历、农历和干支历等多套历法，并附加大量与趋吉避凶相关的规则和内容的历书。

黄历主要内容包括二十四节气、吉凶宜忌、冲煞、合害、纳音、干支、十二神、值日、胎神、星宿、月相、吉神凶煞、彭祖百忌、六曜、九星、流年、太岁、三元九运、玄空九星、星期、生肖、方位等。

图1-26　黄历

历书是古时帝王遵循的一个行为规范准则，是由皇帝颁布的历法，所以人们把历书称为“皇历”。辛亥革命以后推翻了专制帝制，把“皇历”改写为“黄历”。黄历中的内容不但包括天文气象、时令季节而且包含人民在日常生活中要注意的一些禁忌，并提示中国劳动农民耕种时机，故又称农历。黄历在民间又俗称为“通书”。但在使用粤语的地区，因“书”字跟“输”字同音，容易说成“通输”，不太吉利，故又名“通胜”。

三、信息运算与处理的信息产品

算盘（图1-27）是一种手动操作的计算辅助工具，由早在春秋时期便已普遍使用的筹算演变而来。迄今已有2600多年的历史，是中国古代的一项重要发明。在阿拉伯数字出现之前，算盘是世界广为使用的计算工具。

一般的算盘多为木制（或塑料制品），矩形木框内排列一串串等数目的算珠称为“档”，中有一道横梁把算珠分隔为上下两部分，上半部分每算珠代表“5”，下半部分每算珠代表“1”。每串算珠从右至左代表了十进位的个、十、百、千、万位数。加上一套“软件”——手指拨珠规则的运算口诀，就可解决各种复杂运算，甚至可以开多次方。

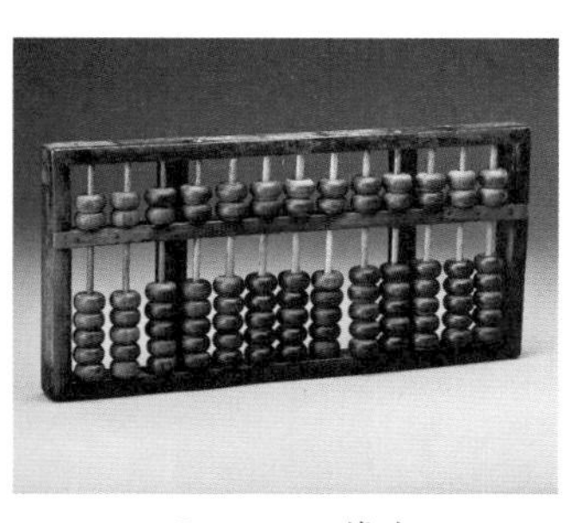
图1-27　算盘

算盘是现代计算机的前身，是中国古代运算技术的符号。在计算机已经普及的今天，古老的算盘不仅没有被废弃，还因它的灵便、准确等优点依然受到许多人的青睐。现在，算盘在亚洲的部分地区继续被使用，尤其在商店中，可以从供应中国商品和日本商品的商店里买到。在西方，它有时被用来帮助小孩子们理解数学，而一些数学家喜欢体验一下使用算盘计算出简单算术问题的感觉。

因此，人们往往把算盘的发明与中国古代四大发明相提并论，认为算盘也是中华民族对人类的一大贡献。

四、信息发出与传递的信息产品

（一）声音响器

响器，在北京、天津、唐山一带除了戏班吹鼓手的锣鼓、吹奏乐器，还延伸为小商贩和货郎叫卖时代替吆喝的能发出响声的东西。

1. 锣鼓

锣鼓是汉族民俗文化中必不可少的乐器，是戏剧节奏的支柱。多在传统戏剧中使用，如汉族戏曲中的唱念、表演、舞蹈、武打，都具有很强的节奏性，而锣鼓是一种声音强烈、节奏鲜明的乐器，有了锣鼓的伴奏配合，能增强戏曲演唱、表演的节奏感和动作的准确性，帮助表现人物情绪，点染戏剧色彩，烘托和渲染舞台气氛。

无论什么剧种，锣鼓都不外乎锣钹和鼓这两大类。其中，因各类乐器的形状、形制与制作、使用上的不同，而又分为许多品种。锣钹类有筛锣、大锣、小锣、钩锣、云锣、大铙、钹、大钹、水钹、齐钹、镲钹（图1–28）、碰钟等。鼓类有单皮鼓、怀鼓、堂鼓、大鼓、盆鼓、面鼓（图1–29）等。另外，作为打拍子用的工具有檀板、梆子、木鱼等。

图 1–28　镲钹

演奏锣鼓时，必须把各种乐器有组织地编排起来，由鼓板指挥才能奏出有节奏、有规律的各种音色。各剧种在乐器品种、音色调门的选择上，乐器的数量和组合配置上，以及所演奏出来的各种节奏型花样（一般称为“点子”，有的称为“牌子”）上，大体都与剧种演唱风格相结合，形成该剧种的独特风格。如京剧锣鼓基本上由四种乐器组合而成，即大锣，小锣，钹，鼓板（鼓、板是两种乐器，鼓是单皮鼓，板为檀木板，两者都由鼓师掌握，故归为一种）。根据特殊的需要，有时会加用堂鼓、小钹，用以表现特定的情景、气氛和情绪。

图 1–29　面鼓

2. 唢呐

唢呐是一种中国双簧木管乐器（图1–30）。汉代，唢呐随丝绸之路的开辟，从东欧、西亚一带传入中国，是世界双簧管乐器家族中的

图 1-30　唢呐

一员。经过几千年的发展，唢呐拥有了独特的气质与音色，已是我国具有代表性的民族管乐器。

唢呐的音色雄壮，管身多由花梨木、檀木制成，呈圆锥形，顶端芦苇制成的双簧片通过铜质的芯子与管身连接，下端套着一个铜制的碗。在南方是“八音”乐器中的一种，在河南、山东也被称作“喇叭”。传统唢呐有《百鸟朝凤》《抬花轿》等经典曲目。

唢呐发音穿透力、感染力强，过去多在民间的鼓乐班和地方曲艺、戏曲的伴奏中应用。经过不断改良，发展为传统唢呐与加键唢呐。加键唢呐有半音键和高音键，拓展了音域，丰富了演奏技巧，增加了乐器表现力，是一件具有特色的独奏乐器。

3. 笙箫

笙和箫是两种不同的乐器。

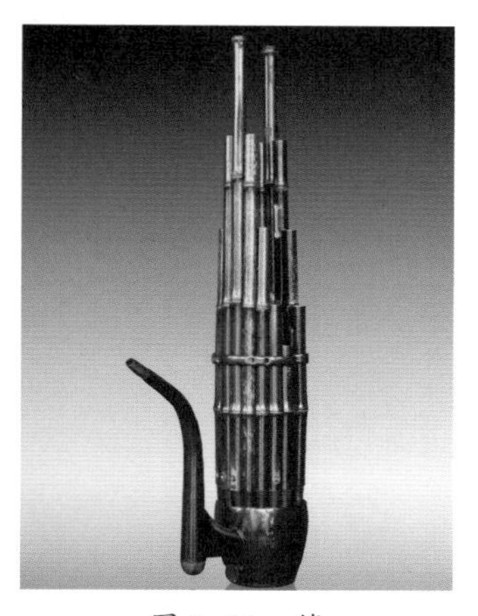
图 1-31　笙

笙是汉族古老的吹奏乐器，具有中国民间色彩，也是世界上最早使用自由簧的乐器（图 1-31）。吹奏时通过竹管中簧片与气柱共鸣发声，能奏和声，吹气及吸气皆能发声，其音色清晰透亮。

箫又分为洞箫和琴箫，皆为单管、竖吹，也是一种非常古老的汉族吹奏乐器。

4. 冰盏儿

在老北京吆喝的工具里，冰盏儿可以算是响器中的王，就如同京剧中的二胡、交响乐里的小提琴，但如今恐怕北京很少有人知道什么叫冰盏儿。

冰盏儿，又名冰碗儿（图 1-32），由两个直径三四寸（10 ~ 15 厘米）的以生黄铜制成、外面磨光的碟形小铜碗组成，从前是卖冷饮、瓜果梨桃、各类干果专用的响器。敲打时，食指夹在手的中指、无名指中间，小指托住下面的碗底，上下一掂，不断挑动敲击下面的碗，发出清脆悦耳的铜音。冰碗儿当初是老北京十分常见的响器，几乎一年四季都可以听到。

在夏季，卖酸梅汤，冰镇果子（柿饼、杏干、鲜藕合制品），红果糊子膏，雪花落和西瓜的商贩都敲打冰盏儿。每年春末夏初，一直到农历八月十五，街头胡同内经常会听到“得铮儿……铮”的声响，伴随着挑夫、摊主的吆喝“冰镇熟水梅汤”，就知道卖酸梅汤的来了。到了冬天，便是卖干鲜果品和冰糖葫芦的叫卖响器了。

图 1-32　冰盏儿

5. 豆腐梆子

豆腐梆子是卖豆腐的商贩专用的招揽顾客的“信号”工具。“梆……梆梆……梆……梆梆”这样有节奏的声音一响，老百姓便知道卖豆腐的来了。这个小小的响器工具有着悠久的历史，传承着小商品经济的发展文化。

豆腐梆子用整段的硬木块做成，最常用的是枣木，其次是槐木（图1–33）。木工先在一段长约30厘米的木头上面开一长约20厘米、宽约5厘米的豁口，从此处把木头内部掏空，将木头外表打磨得圆滑美观，然后把手柄装入底面固牢，再配上一根如鼓槌样子的敲棒，一副梆子便做好了。有的豆腐世家，梆子是世世代代传承下来的，经过长年累月的使用，已是油光发亮，两面也呈现出不规则的凹状。豆腐世家把老豆腐梆子视为珍宝，用的时间越长，发出的声音越好听。

图1–33　豆腐梆子

（二）孔明灯

孔明灯又叫天灯，俗称许愿灯、祈天灯，是一种古老的汉族手工艺品（图1–34）。孔明灯在古代多是军事用途，用于传递军情；现代放孔明灯，多为祈福之用，一般在元宵节、中秋节等节日施放。

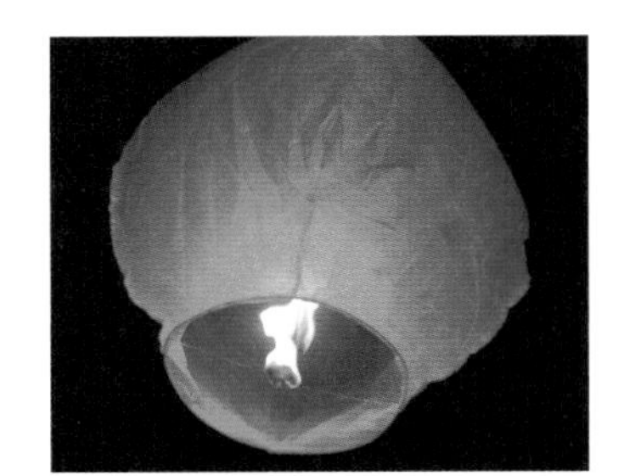

图1–34　孔明灯

孔明灯的结构可分为主体、底圈和燃料三部分。

主体大都采用安全阻燃棉纸或加厚阻燃拷贝纸糊成灯罩，普通纸张因为燃点低，不耐高温，所以市场售卖的孔明灯大多都是添加了阻燃剂的安全阻燃纸。

底圈的支架则以竹削成的篦和铁丝组成（部分出口产品使用的是竹条和高档防火棉线制作），超大号的孔明灯底圈大多采用玻璃钢杆和包塑铁丝作为主要制作材料。

燃料也分为多种，最常见的是白色小蜡块燃料，主要成分是石棉和蜡油，稍微高档一些的一般是用纸板和棉布专门定制的棉布燃料，火力更大。

孔明灯可大可小，一般为椭圆形、爱心形、圆柱体或长方体形状。近些年来，市场上也出现一些新颖的款式，如四彩款、椭圆带飘尾款、蝴蝶款和枫叶形状等。放飞孔明灯需要选择晴朗无风的夜晚，一人拿住底圈的左右侧，另一人点燃燃料，直到感到孔明灯有上升之势，即可慢慢放开双手，孔明灯便可以徐徐飞起，上升高度可达1000米左右。

（三）烽火台

烽火台又称烽燧，俗称烽堠、烟墩、墩台（图1–35），是古时通过点燃烟火传递重要消息的高台，是古代重要的军事防御设施，为防止敌人入侵而建造。遇有敌情发生，白天施烟，夜间点火，台台相连，传递消息。可以说是古老但行之有效的消息传递方式。

图1–35　长城上的烽火台

相邻两座烽火台之间距离一般约为10公里，通常选择建立在易于相互瞭望的高岗、丘阜之上。台子上有守望房屋和燃烟放火的设备，台子下面有士卒居住用的房屋和仓库等建筑。明代也有相距5公里左右的烽火台，当守台士兵发现敌人来犯时，可以立即于台上燃起烽火，邻台见到后依样随之，这样敌情便可迅速传递到军事中枢部门。

传统信息产品的发展演进、发明创造是人类劳动与智慧的产物，推动着人类文明的发展。同样，人类文明的进步又产生了信息大爆炸，促使信息产品更新换代，继续承载着无穷无尽的信息内容。信息内容的产生与信息产品的设计之间是相辅相成、互为促进的。

第三节
智能信息产品的发展现状与趋势

18世纪60年代以来，工业革命开始，电磁波被发现，计算机被发明，人类对信息的感知、处理、传播的手段和效率发生了翻天覆地的变化。而21世纪以来，“信息监测与获取—信息记录与存储—信息运算与处理—信息发出与传递”闭环的四个环节可以几个或全部被集中在一个信息产品上，这样的信息产品变得更加智能，可以在各个信息功能环节之间自动运算和传递信息，而且可以与用户之间进行信息的交互。

例如，百度旗下人工智能助手“小度”内置对话式人工智能系统，让用户以自然语言对话的交互方式，实现影音娱乐、信息查询、生活服务、出行路况等800多项功能的操作；同时，借助百度AI能力，“小度”可以不断学习进化，了解用户的喜好和习惯，变得越来越“聪明”。对这样的集智能语音识别、大数据、云计算、人工智能等信息功能于一体的硬件，称为智能信息产品（图1–36、图1–37）。

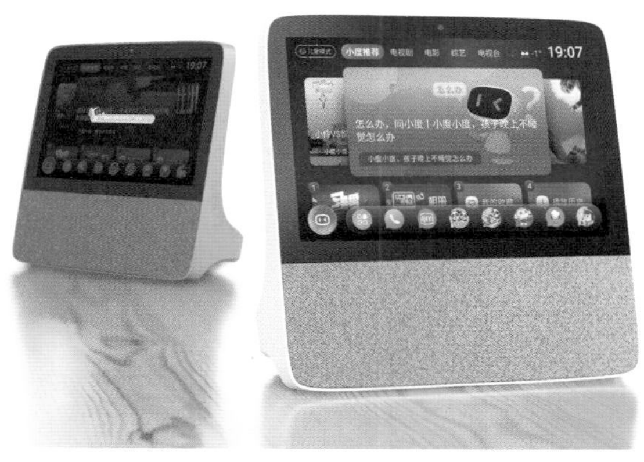

图1–36　小度在家智能屏X8

图1–37　小度智能音箱大金刚

可以看出，随着人类文明的进步、科学技术的发展，信息产品发生了内涵演变与功能进阶，信息产品的变革带来了信息交互的加速。反过来，由于信息交互的不断加速，使人与物、物与物之间的连接更为紧密。近年来，随着信息技术的发展，信息产品的功能变得更加外放、智能，而这种变化也影响着后续信息产品的发展方向乃至人们的生产生活方式。

本教材中所指的信息产品专指智能交互型的硬件信息产品。信息的智能交互是指接收、处理和发出信息的过程。这里所指的交互可以用常规语言的交流进行类比解释，人与人之间进行对话，有说话的人也有听话的人，当两人之间有问有答从而形成信息交换时，才能称为交流。同理，当产品被动输入信息或主动感知信息，并以此自动运算处理进而形成反馈信息传达给操控者时，就能被称为信息交互，而具备这一功能的产品就可以被称为智能交互型的硬件信息产品。

现如今，人类的生产生活变得越来越智能化、网络化，这都得益于传统信息产品与设备的大规模智能化，以传感器、芯片为主体的智能信息产品快速渗透到人们日常生活的方方面面。通过智能信息产品的协助和承载，人们可以随时将个人工作、生活的内容数据化，然后通过互联网、物联网传输到云端（采用应用程序虚拟化技术的软件平台）整合起来；还可以从云端链接、下载、体验物联网、大数据带来的便利服务。随着智能信息产品、互联网和云计算的应用，实现了“信息的监测与获取—信息的记录与存储—信息的运算与处理—信息的发出与传递”的四位一体化，智能信息产品本身也发生着巨大变革。

一、智能信息产品的发展历程

智能信息产品是指以平台性底层软硬件为基础，以智能传感互联、人机交互、新型显示及大数据处理等新一代信息技术为特征，具备信息感知、信息处理和信息输出能力，以新设计、新材料、新工艺硬件为载体的新型智能终端产品及服务。

智能信息产品是继智能手机之后的一个科技概念，即通过软硬件结合的方式，对传统信息产品进行改造，进而使其拥有智能化的功能。智能化之后，信息产品具有链接互联网的能力，可以实现互联网服务的加载，形成“云+端”的典型架构，具备大数据等附加价值。智能改造的对象可能是电子设备，如电子手表、电视和其他电器，也可能是以前没有电子化的设备，如门锁、茶杯、汽车、房子等。

目前，智能信息产品产业的发展（图1–38）经历了互联网时代、移动互联网时代和物联网时代三个主要阶段。其从可穿戴设备逐渐延伸到智能电视、智能家居、智能汽车、医疗健康、智能玩具、智能机器等领域。而比较典型的智能硬件包括Google Project Glass（谷歌眼镜）、Apple Watch、三星 Galaxy Gear、Fitbit、麦开C107 Cuptime智能水杯、咕咚手环、Tesla电动汽车、乐视超级电视等。

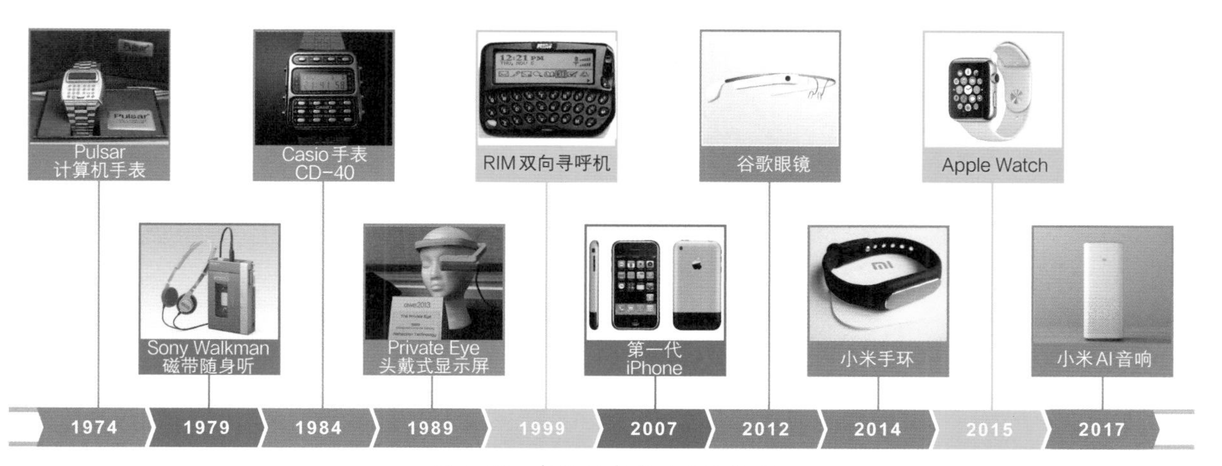

图 1–38　智能信息产品发展历程

（一）智能信息产品的互联网时代

1974～2006年是互联网时代，这一阶段可以称为探索期。1974年Pulsar计算器手表的出现，拉开了信息产品智能化发展的帷幕。主要代表产品集中在手表、随身听、蓝牙耳机等可穿戴设备，以下为大致发展情况概述：

1975年，Hamilton Watch推出Pulsar计算器手表。

1979年，Sony推出Walkman磁带随身听。

1984年，卡西欧推出能存储电话号码信息的数字手表Casio Databank CD–40。

1989年，Reflection Technology开发出Private Eye头戴式显示屏；Megellan推出消费级手持GPS设备。

1990年，Olivetti推出可追踪用户LBS（Location Based Services）的胸章。

1993年，哥伦比亚大学开发出KARMA（Knowledge–based Augmented Reality for Maintenance Assistance）机械师修理帮助系统。

1994年，史蒂夫·曼恩开发出记录生活的可穿戴无线摄像头。

1999年，RIM（即“黑莓”）推出RIM859双向寻呼机。

2000年，GN Store Nord推出全球首款蓝牙耳机。

2006年，苹果和耐克联合推出Apple NiKe+iPod。

（二）智能信息产品的移动互联网时代

2007～2011年是移动互联网时代，这一阶段可以称为储备期。2007年iPhone的出现，在重新定义手机的同时也重新定义了移动互联网。可穿戴设备开始涌现出更强劲的发展势头。

2007年，苹果发售第一代iPhone；美国智能可穿戴设备公司Fitbit成立。

2008年，全球首次国际物联网会议“物联网2008”在瑞士苏黎世召开。

2009年，Fitbit推出首款智能可穿戴产品Fitbit Tracker。

2010年，Brother推出虚拟视网膜显示器AiRScounter；“咕咚”品牌诞生，推出健身追踪器产品和咕咚网平台。

2011年，Jawbone推出可防水的Up智能腕带。

（三）智能信息产品的物联网时代

2012年至今是物联网时代，这一阶段可以称为爆发期。随着2012年Smart Watch的出现，智能信息产品快速进入消费市场，产品品类爆发式增长，同时物联网进入了产品化的时代。

2012年，Sony推出Smart Watch；Google推出Google Project Glass。

2013年，果壳电子发布智能手表GEAK Watch、手环、智能戒指；中兴、腾讯、百度、小米均表示将进入可穿戴设备领域；三星发布智能手表Galaxy Gear；日产发布驾驶员专用Nismo智能手表；奇虎360发布360儿童卫士手环；物联网行业标准组织AllSeen Alliance成立。

2014年，Google发布Android Wear和云健康管理平台Google Fi；摩托罗拉移动发布圆形MOTO 360；Apple发布Health Kit平台、Apple Watch，并正式推出第三方应用开发平台Watch Kit；三星收购Smart Things，发布健康监控手环Galaxy Gear fit；小米手环发布，销量超过100万；果壳电子发布圆形智能手表GEAK Watch；京东发布JD+计划；BAT推出物联网平台。

2015年，Apple Watch正式发售；Nokia、LV、Tag Heuer等品牌陆续进入智能可穿戴设备市场，使智能可穿戴设备市场进一步被细分；Sony虚拟现实头盔问世；健康医疗智能硬件发布；美国智能可穿戴设备公司Fitbit上市，成为首家上市的智能可穿戴设备公司（图1-39）。

2015年，腾讯在“2015全球移动互联网大会（GMIC）”上宣布推出“TOS+”智能硬件开放平台战略，并正式发布TencentOS系统。同

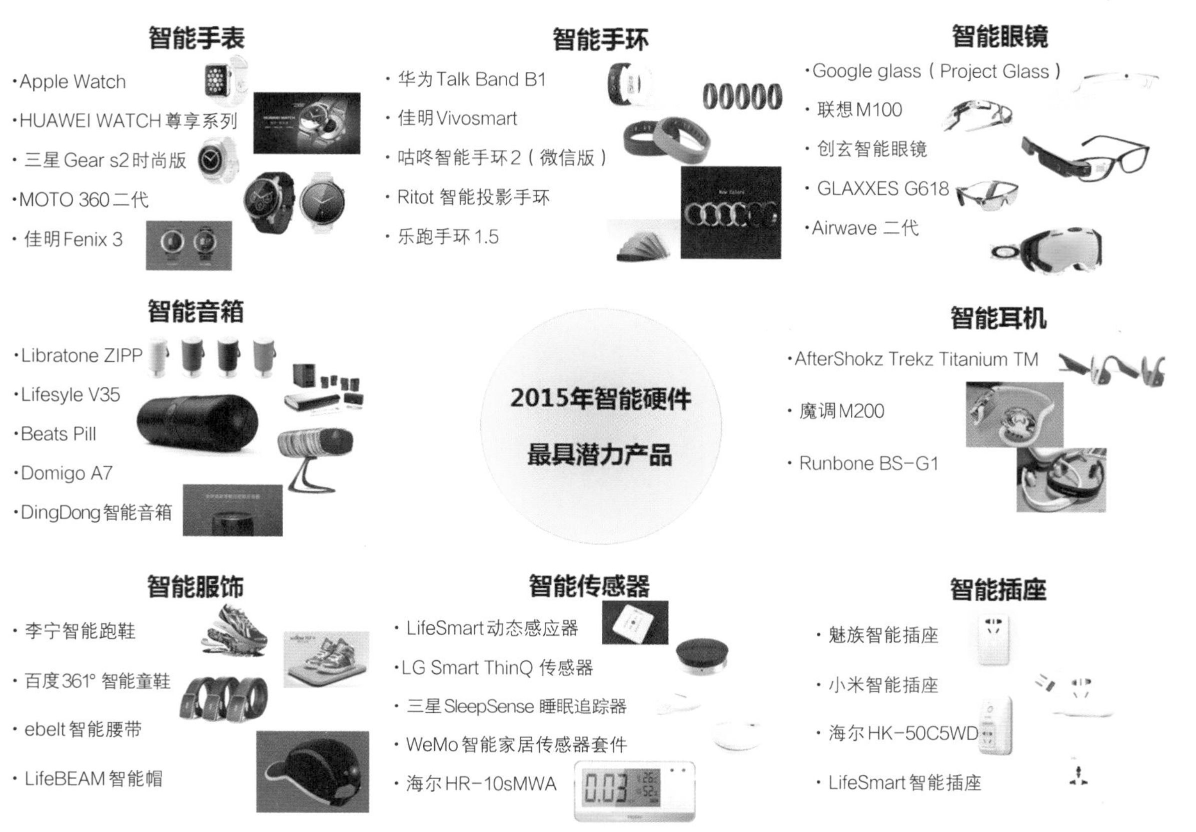

图 1-39　2015 年智能硬件最具潜力产品

时，腾讯也展示了与多家合作伙伴共同推出的基于该系统的智能手表、微游戏机、虚拟现实产品以及手机四大智能硬件领域解决方案。

2016 年，Facebook 开发人工智能，进入智能家居领域；谷歌发布 VR 平台 Daydream；小米推出无人机。

2017 年，小米发布小米 AI 音响，与腾讯 QQ 音乐展开合作。

2018 年，海尔推出 ASU Watch，作为投影可穿戴设备，ASU Watch 具备两块“屏幕”，展现出更多的操作交互界面，并拥有了独立联网能力。作为智能互联平台的一个操作入口，它能够随时随地操控智能家居设备，让用户不必受智能音箱和手机的限制，随时随地抬起手腕就能感受到海尔智能互联平台带来的便利。

2019 年，谷歌在“Tensor Flow 开发者峰会”上公布了智能硬件平台 Coral，用于解决从原型到产品的物联网硬件的端到端解决方案；谷歌在部分地区进行了 beta 测试。

2020 年，第五代无线通信技术（5G）的推出，使物联网中的许多其他技术领域经历了一些较大的改变，具体表现为传感器、设备和企业应用程序之间所有通信效率的提高。

二、智能信息产品的发展特点

（一）新应用、新业态兴起

从全球来看，生活智能化与生产智能化需求正驱动智能信息产品市场日益繁荣，技术突破与融合创新孕育着发展新机遇，以智能可穿戴设备、智能家居、智能车载、智能医疗、智能无人系统等为代表的智能信息产品，通过引入芯片和操作系统的架构，为各种终端产品注入智能，并与互联网、云计算进行紧密结合、协同发展，为用户提供运动统计、智能家庭、智慧交通、健康管理、远程医疗等各种服务。"互联网+智能信息产品"的影响将迅速向农业、工业、交通、医疗卫生等领域渗透、扩散（图1-40）。

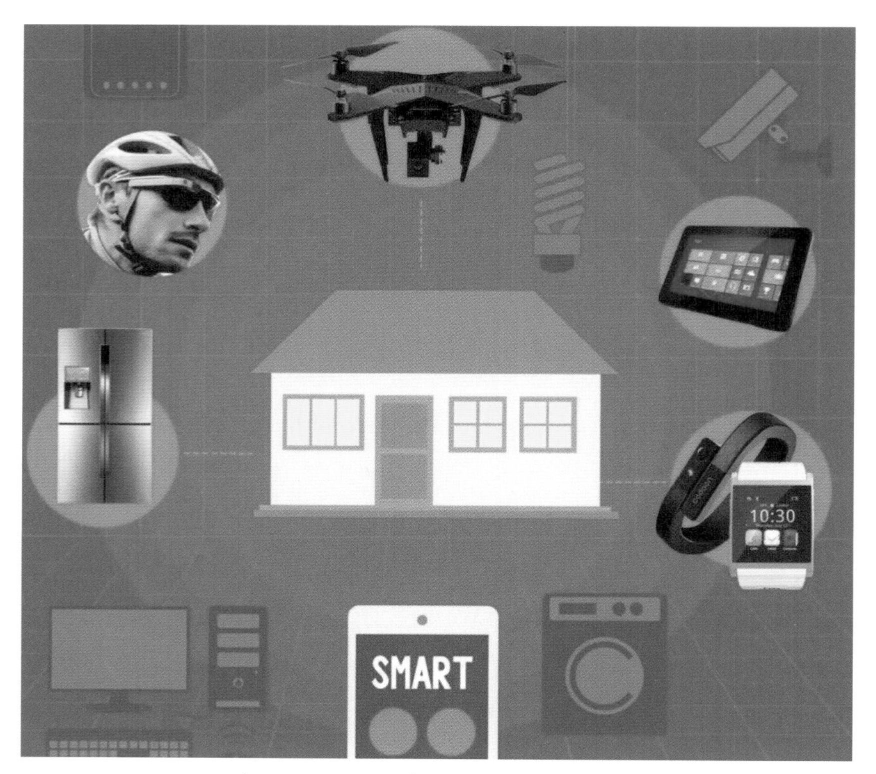

图1-40　互联网智能信息产品服务领域

（二）产品形态和服务模式多元化发展

智能信息产品对智能感知、智能操作与人机交互、低功耗芯片、无线充电、产品设计、应用平台的要求日益突出，市场竞争由控制产品性价比扩展到对全产业链的整合和掌控。因此，联动创新、融合创新正成为该产业发展的主旋律，领军企业在掌控智能信息产品操作系统、人机交互技术、互联网开放平台、应用开发工具等产业链关键环节的同时，推动着“互联网+智能信息产品”产业链的整合，产品形态和服务模式也在朝着多元化的方向发展。

三、智能信息产品的发展需求分析

（一）规范产业发展

无规矩，不成方圆。智能信息产品生态从“原始生长”到“成熟发展”，需要进行有机的规范。通过规范引导、保障用户权益、规范市场，由“外因驱动”推进“内因驱动”，促使智能信息产品企业不断提高产品质量、运维质量和服务质量，才能让智能信息产品生态健康有序发展，“蛋糕”才能越做越大，智能信息产品企业才能在不断扩大的产业规模中获得利益。因此，规范产业发展已成为智能信息产品创新发展的内在需求。

（二）完善智能信息产品相关标准

在智能信息产品产业发展初期，很多产品之间互不兼容，使用的端口并不统一，整个产业严重碎片化。面对互相不兼容的两个产品，由于置换成本或同时使用成本过高，用户的热情就会大大降低。而不同品牌的智能信息产品所采集的数据格式和数据质量也存在差异，缺乏数据共享和深入整合。因此，通过数据共享和跨领域融合创造出新的应用和服务、推动信息的流动和共享、消除“数据孤岛”成为当前智能信息产品发展创新的迫切需求。

（三）拓宽智能信息产品销售渠道

当前越来越多的智能信息产品开始走向线下渠道，更多的智能信息产品需要被明确为消费级产品，不应再打“高大上”牌，而是应该更接地气。线下渠道已成为智能信息产品新的“竞技场”，城市、城镇以及乡村对相关产品都开始产生需求。因此，拓宽智能信息产品的线下销售渠道成为企业的发展需求。

（四）加强智能信息产品安全防范

智能信息产品在为我们的生产生活提供便捷的同时，其安全问题也开始凸显，如智能路由器被木马入侵、黑客轻易破解POS机转账、智能洗衣机被入侵、智能摄像头被入侵操控，甚至智能网联汽车也被入侵并被远程控制，等等。

从智能安防、智能家居到智能可穿戴设备，各种信息产品智能化、互联化已经成为不可阻挡的趋势。但是，很多企业为了抢占先机，加快了开发进度，牺牲了产品的安全性能。然而，智能信息产品未来的出货量只会成倍增长，当达到一个量级时，其自身的安全问题将会造成很大的安全威胁：一是设备自身的安全，设备自身被攻破后，会直接失去原有功能；二是数据信息的安全，设备一旦成为黑客窃取数据的工具，用户失去的将不止是隐私，甚至会涉及一些重要信息，最终对用户造成的损失可能无法弥补。

所以，智能信息产品安全问题造成的危害，甚至比信息安全问题更为严重，它直接影响到人身安全、社会安全和国家安全，因此智能信息产品安全必须引起相关企业及社会的高度重视。

四、我国智能信息产品的发展历程

我国智能信息产品产业自2007年至今，可分为以下三个阶段：

（一）智能手机时代

以智能手机为突破点，智能信息产品彻底走进人们的生活。这一阶段智能信息产品的发展主要围绕智能手机进行创新，因此产生的触摸交互方式彻底革新了人们对手机的使用体验；产业模式则以硬件为入口和载体，以内容与应用服务为核心。

（二）多类型智能信息产品崛起时代

借助智能手机终端和云端支持，越来越多智能可穿戴设备出现在人们生活中。智能信息产业生态趋于完整，云服务平台崛起，初创企业开始通过预售和众筹模式进行创业、创新，产业充满活力。

（三）体感交互时代

智能信息产品在技术、功能和模式上不断更新迭代，语音交互、体感交互等成为提升用户体验的重要方向，智能家居、服务机器人等纷纷出现，占据了更多生活场景。与此同时，智能信息产业的市场规模在不断扩大。

未来中国智能信息产业的发展趋势是全场景式的智慧生活（智能家居产品终端），智能信息产品的终端应用场景将覆盖人们生活的方方面面。

五、我国智能信息产品的发展趋势分析

当前，随着技术的发展，国内虚拟现实技术（VR）、可穿戴设备、工业机器人等智能信息产品的功能不断创新，正快速向生产和生活渗透。在生产领域，智能PLC、智能传感器、工业机器人等生产性智能

信息产品，极大地提高了制造环节的智能化水平，促进了生产能力的提升。

在生活领域，相关智能信息产品提升了传统消费品产业的附加值，延伸了产业链，给信息消费带来了新的增长空间，使人们生活智能化和便利化。

（一）智能信息产品产业规模持续扩大

根据《中国智能硬件行业发展前景预测与投资策略规划报告2012—2016年》，2012年，中国智能硬件市场规模仅为13亿元；2013年，上涨为32.8亿元；2014年作为发展元年，国内智能硬件市场突破100亿元大关，暴增至108.3亿元；2015年，国内智能硬件市场又上涨至424亿元；2016年，国内智能硬件市场规模达到552亿元。

2016年，中华人民共和国工业和信息化部、国家发展和改革委员会正式印发《智能硬件产业创新发展专项行动（2016—2018年）》（以下简称《行动》），《行动》中明确，到2018年，中国智能硬件全球市场占有率将超过30%，产业规模将超过5000亿元。《行动》的出台，进一步促进了产业发展，并推动智能硬件产业成为未来创业和投资的新热点，吸引大量资本进入，智能硬件产业将在蓝海（指未知的市场空间）中开辟新的道路。

（二）智能信息产品投资更加趋于理性

智能信息产品产业作为新兴的产业，于2014~2015年，许多投资人盲目押赛道，期待该产业能迅速产出“爆款”，在大举投入后，智能信息产品产业出现了“投资向导”。在研究中发现，很多企业出现了“to VC”（to Venture Capital，等待风险投资公司来投资入股）的非正常现象，生产企业仅对风险投资负责，忽视了自身的产品积累和市场的客观规律。

自2015年第三季度开始，智能信息产品领域的投资额大幅度下滑，这说明资本市场开始重新审视智能信息产品这个领域，投资人面对智能信息产品企业会更加“谨慎”，资本会向具有较强技术积累以及良好产品服务体系的企业倾斜，一些靠融资维持开支的企业将无以为继。

（三）智能信息产品不再有单纯的“免费模式”

在智能信息产品产业爆发初期，大批缺乏技术含量、使用公模修改的产品诞生，加之资本的大量注入，出现了智能信息产品零利润以及互联网“羊毛出在猪身上”的盈利模式。然而，这种模式下在ODM（原始设计制造商）、OEM（原始设备制造商）、渠道等各个环节都需要大量资金投入，原材料也通常需要提前垫付。这意味着在智能信息产品的筹备阶段，可能就需要投入超乎想象的资金。之后随着资本的理性回归，智能信息产品企业的注意力也会更多地聚焦在产品的设计、质量以及服务本身，智能信息产品产业的盈利点也会回归到产品本身。

（四）智能信息产品转型重新定位

部分智能信息产品企业起初对产品的定位不够准确，在经过一段时间的摸索后，对产品进行了重新定位，对产品硬件（图1–41）进行了重新设计，然后找到了一个合适的位置。目前，很多智能信息产品的一代与二代有着不同的定位，基本上再一次的定位能够更好地体现产品性能和优势。

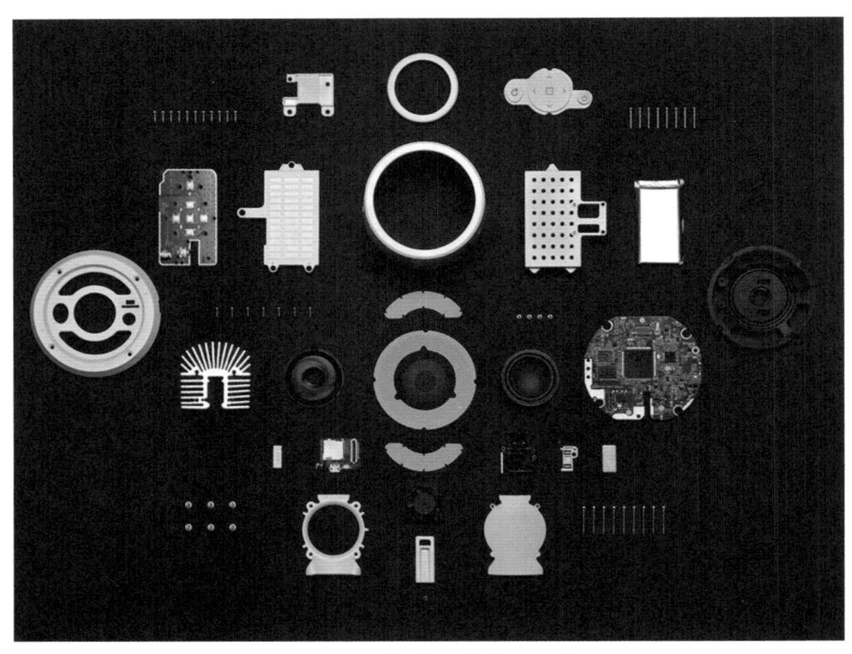

图 1–41　智能信息产品硬件

六、我国智能信息产品面临的挑战

（一）同质竞争初显端倪

虽然智能信息产品产业尚为新兴产业，在国内发展时间较短，但受到的关注度较高，传统制造业、互联网企业、初创型企业等参与者众多。然而，目前智能信息产品产业发展仍处初级阶段，产品应用服务开发滞后，功能单一，造成国内智能信息产品产业发展同质化竞争初显端倪。以智能可穿戴设备为例，国内已有众多科技型企业发布了各自的智能手表、智能手环等产品，但智能手表多作为智能手机的配件使用，功能也不外乎运动、睡眠监测等，产品差异性小；而智能手环多提供健身、健康及睡眠管理等功能，产品之间差异性也不大。

（二）跨界协同合作存在壁垒

智能信息产品是以互联网、半导体、智能控制等技术提高传统产品的智能化水平，具有软硬融合、跨界应用等特征。但在企业跨界合作中，存在一些壁垒，主要表现在以下两个方面：

1.与传统厂商的合作存在壁垒

以智能汽车行业为例，一方面，科技型企业由于政府管控、投资巨大等问题很难进入汽车整车制造环节；另一方面，传统汽车厂商不愿意与科技型企业合作，而是独立开发相关智能控制或车载系统。

2.与其他行业的合作存在壁垒

例如，这一问题在提供具备医疗功能的智能可穿戴设备上表现尤为明显。一方面，智能可穿戴设备开发的心率、血糖检测等功能，检测出的结果不一定精确，一定程度上并不具备医学参考价值；另一方面，智能可穿戴设备所搜集的大量人体生命体征数据，经过云计算、大数据等技术处理后，还需专业的医疗人员给出相应诊疗建议，并且由于医疗行业壁垒较高，智能可穿戴设备与医疗领域的合作较少，数据价值较低。

（三）核心技术与发达国家仍有差距

尽管国内在智能信息产品研发与生产方面与发达国家差距不明显，但由于受支撑产业的影响，在关键核心零部件技术上与国外先进水平差距较大，部分仍然需要依赖进口。例如，在智能服务机器人领域，国内电动机、驱动器、减速器等关键核心零部件主要依赖进口；在智能可穿戴设备领域，国内在柔性显示技术、小尺寸柔性储能技术等方面与国外先进水平差距明显。特别是由于国内企业在基础电子元器件、集成电路等领域的支撑能力较弱，制约了传感器、短距离无线通信芯片等感知层关键技术竞争力的提升，造成了国内传感器基础薄弱，尤其在制造技术方面与发达国家差距较大。

（四）全球专利布局与竞争日益激烈

随着全球科技变革速度的加快，智能信息产品将成为下一个全球竞争的战略“要地”。许多西方发达国家的智能信息产品企业在行业发展初期，纷纷将知识产权保护当成企业发展的重中之重，他们非常重视专利布局。以智能可穿戴设备为例，据波士顿勒克斯市场研究公司的一份报告显示，三星已经成为该领域申请专利数量最多的企业。2010 ~ 2015年5月，在智能可穿戴电子设备41301份专利中，三星占了4%，高通和苹果分别以3%和2.2%位居第二位和第三位。微软甚至在未发布任何智能可穿戴产品的情况下，耗资2亿美元从美国Osterhout Design Group收购了一批与智能可穿戴设备有关的产品和专利。以上事例说明智能信息产品市场尚未成熟，但国际科技巨头就已经开始了“专利装备竞赛”。

可以预见的是，随着我国智能信息产品产业的不断发展壮大，国外针对中国的专利保护战将会越来越频繁。因此，国内企业在不断探索、完善智能信息产品相关技术的同时，还需要提高知识产权保护意识，加强专利布局。

思考与练习

1. 人类社会经历了哪几次重要的信息革命？每次信息革命的诞生都对人类社会的发展产生了怎样的影响？

2. 从不同角度对信息产品进行分类，并列举相应的产品进行说明。

3. 简述智能信息产品与传统信息产品的联系与区别，并举例说明。

4. 在新一代信息技术更快、更广、更深地引发新一轮科技革命和产业革命的大背景下，我国智能信息产品行业应该如何发展壮大，如何提升品牌竞争力？

第二章
智能信息产品分类与应用

第一节 产品与产品设计

一、产品的定义

产品即劳动生产物的简称，主要是指人们有目的的生产劳动所创造的能满足人们某种需要的物品。产品是永恒的经济范畴，存在于任何社会形态中。按其用途划分，可分为生产资料和消费资料。在不同的生产力水平下，产品的品种、性能、质量等也会有所不同，并且随着生产力的发展而变化。例如，现代社会人们消费的家用电器等电器产品，在奴隶社会和封建社会就没有，因为当时的生产力水平无法满足要求。而产品只有进入流通领域并被人们消费之后，才能完成其根本使命，没有流通和消费，产品的价值就不能被最终证实。因此，在商品经济条件下，产品具有商品的属性。

工业革命以来，各种各样的产品的陆续出现逐渐改变了人们的生活方式，使人们的生活水平和生活质量日益提高。很难想象，现代人如果离开产品将如何生存和发展。出行要有代步工具，吃饭要有餐具和各种食品，穿衣要适应季节、跟随潮流、满足个性。所以，要确保持续发展，必须认真研究人与产品、产品与产品系统之间的联系。

二、产品设计的定义与类别

不妨想象一下下面的场景：

清晨起床，先去洗手间，用洗脸盆、牙膏、牙刷、毛巾等整理个人卫生；之后，用智能手机速览今天的晨间新闻；再用早餐，会使用餐桌、餐具、水杯；出门之前，穿好衣服、鞋子，用护肤品、化妆品打扮好自己的形象（图2-1）；上班途中，会乘坐公交车，或者搭乘地铁，或者骑自行车，或者开私家车（图2-2）；到达工作岗位，使用计算机等办公用品，或者操控流水线、机器人、驾驶运输车辆，或者打开卷帘门、整理货物、打开收银台、开启验钞机，开启一天的工作（图2-3）。

以上场景都是司空见惯，且所用到的物品也都非常熟悉，这都是人们平时生产生活场景以及其中存在的众多产品。而在科技、信息、文明高度发达的今天，这些有形的产品都是人为设计与制造出来的，

图 2-1　晨起场景

图 2-2　出行方式

图 2-3　工作场景

满足了人们衣食住行各方面的生活体验，提升了人们农业、工业和服务业的工作效率，这都要归功于产品设计。

（一）产品设计的定义

产品设计是一个将某种目的或需要转换为一个具体的物理形式或工具的过程，是将一种计划、设想、需求问题加以解决并通过具体的载体表达出来的一种创造性活动过程。在这个过程中，通过多种元素如线条、符号、数字、色彩、材料等方式的组合把产品的形状以平面或立体的形式展现出来。

如同前篇所列举的晨起、出行、工作等各种场景，在人们的生产生活活动中，产品设计无处不在，而且包含的范畴也非常广泛，与生活有关的各种器物都存在产品设计的需求，小到杯盘、刀叉，大至家具、汽车、轮船等。例如，一把勺子是什么材质，勺头与勺柄的比例以及用怎样的弧度更容易盛取食物；一组移动抽屉如何合理地用来搁置文件、档案、文具及隐藏纠缠的电线；一件珠宝从首饰表现方式到雕蜡、加工、镶嵌、精工制作（图2-4）。这些都是产品设计需要考虑的问题。

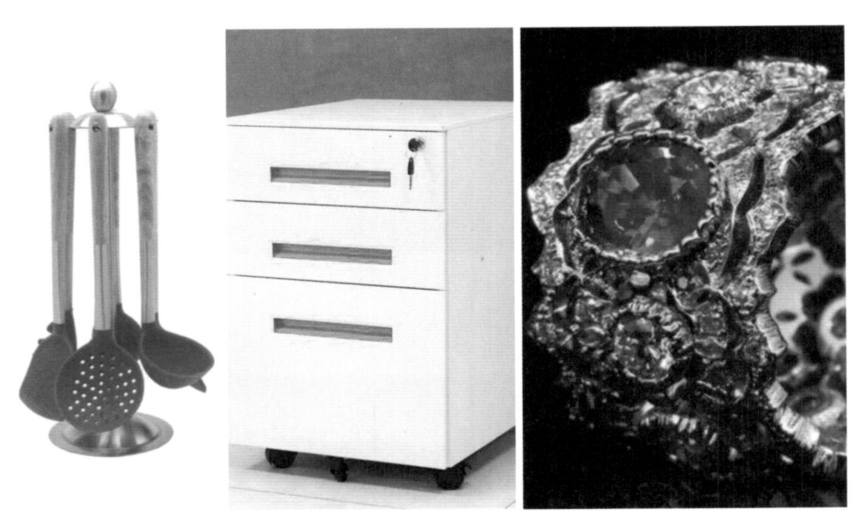

图 2-4　勺子、移动抽屉和珠宝

（二）产品设计的类别

根据性质和用途的不同，产品设计可以分为很多种类。

1.按行业分类

按照行业进行分类，可分为机械设备产品设计、电子产品设计、公共设施设计、文创产品设计、陶瓷产品设计、家居产品设计、医疗产品设计等。每一个行业里又可细分更多的产品，如机械设备设计有盾构机、挖掘机等（图2–5）；电子产品设计有无人机、智能手机等（图2–6）；公共设施设计有地铁闸机、公交站台等（图2–7）；文创产品设计有故宫荷包口红、黑胶唱片等（图2–8）；陶瓷产品设计有餐具用瓷、花瓶等（图2–9）；家居产品设计有书架、座椅等（图2–10）；医疗产品设计有监护仪、B超机、呼吸机等（图2–11）。

图 2–5　盾构机、挖掘机

图 2–6　无人机、智能手机

图 2–7　地铁闸机、公交站台

图 2-8　故宫荷包口红、黑胶唱片

图 2-9　餐具用瓷、花瓶

图 2-10　书架、座椅

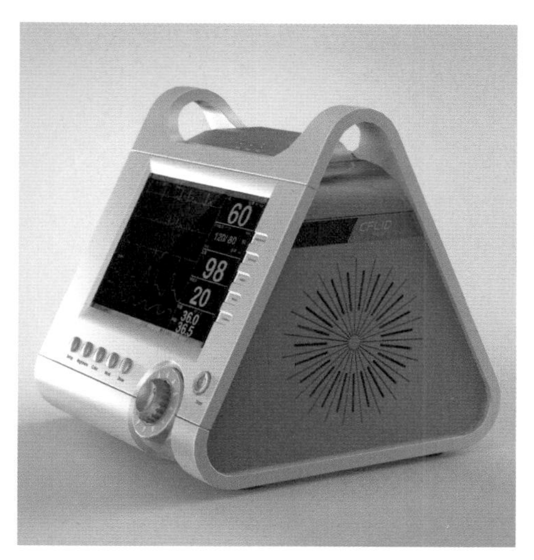

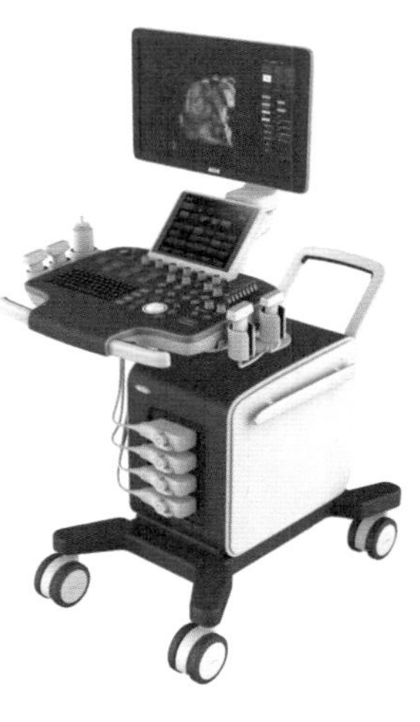
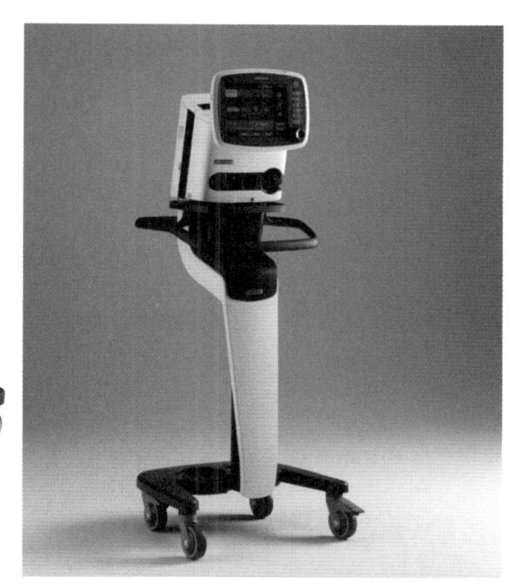

图 2-11　监护仪、B 超机、呼吸机

在上述的电子产品设计、公共设施设计和医疗产品设计中都有信息产品的存在。可以说，信息产品在当今社会是司空见惯的，它遍布众多产品设计中，性质和用途也是非常广泛的。

2. 按设计方向分类

按照设计方向进行分类，可分为产品外观设计、产品结构设计、产品功能设计、产品包装设计、产品广告设计等。其中产品外观设计与产品结构设计显然是分别对产品外观造型和内部结构进行设计，两者有着很强的关联性；产品功能设计需要设计产品相应的功能，能够带给消费者更多的购买欲望；而产品包装设计和产品广告设计属于产品的推广设计，是吸引用户或者留给用户第一印象的一个重要设计方式。

产品设计主要作用于协调产品与人之间的关系，实现产品人机功能分配和人文美学品质的要求，并负责选择技术种类，以及协调产品内部各技术单元、产品与自然环境、产品技术与生产工艺之间的关系。好的产品设计，不仅能表现出产品功能上的优越性，而且便于制造、生产成本低，从而使产品的综合竞争力得以增强。所以产品设计是集艺术、文化、历史、工程、材料、经济等各学科的知识于一体的创造性活动，是科学技术与艺术的完美结合，反映着一个时代的经济、科学技术和文化水平。

三、狭义产品与广义产品

试想象一下：一个现代职场人员从早上睁开眼睛那一刻起，直到到达工作岗位，中间所经历的过程中，会用到许多的产品，如餐具、化妆品、汽车、计算机等。那么人们在使用、操纵这些有形物品的时候，仅仅是在消费这些产品的物理形态吗？它们是否还能给人们提供一些精神需求层面上的满足呢？那么，消费者购买的这些产品、设计师设计的这些产品、生产商制造的这些产品，到底呈现了产品的哪些属性呢？应该从哪些范畴来定义“产品”呢？

以下将从“狭义产品”和“广义产品”两个范畴来看。

（一）狭义产品

狭义产品是指具有物质性的功效，同时具有使用价值和交换价值，即认为产品就是人们生产出来的物品。例如，“产品”一词在《现代汉语词典》（第7版）中的意思为“生产出来的物品”，即指工业化批量生产出来的物品。产品是根据社会和人们的需要，通过有目的的生产创造出来的物品，它是人类智慧的产物。根据这层意思，只有如家用电器、生活器具、交通工具等有形的实体存在物才可以被认为是产品，这就把产品的定义局限于仅指某种具有特定的物质形状和用途的实物生产成果（图2-12）。随着时代的发展，这种狭义的产品定义，越来越表现出它的局限性。

图 2-12　家用电器、生活器具和交通工具

（二）广义产品

随着社会经济的发展，产品的概念有了进一步的扩展。这是由于狭义的产品定义无法囊括丰富的产品形态及其复杂的内涵，因此就引出了“广义产品”这一概念。广义产品与狭义产品的概念相比较，其最大不同在于，它将非物质形态的产品纳入了产品的范畴。广义产品包括有形的和无形的产品，凡是提供给市场的，消费者认为可以用价值来衡量的，或使用后能满足消费者某种需求、某种欲望的一切事物，都可称为产品。例如，斯泰通（Stanton）就将产品定义为“有形属性

和无形属性的统一体，它包括包装、色彩、价格、生产商信誉、零售商信誉及生产商和销售商的服务等，这些可在满足购买者需要时为他们所接受”。换言之，广义产品是指满足人们的需求、具有一定用途的物质产品和非物质形态服务的综合。

与狭义产品不同，广义产品包含以下三个方面的内容（图2–13）。

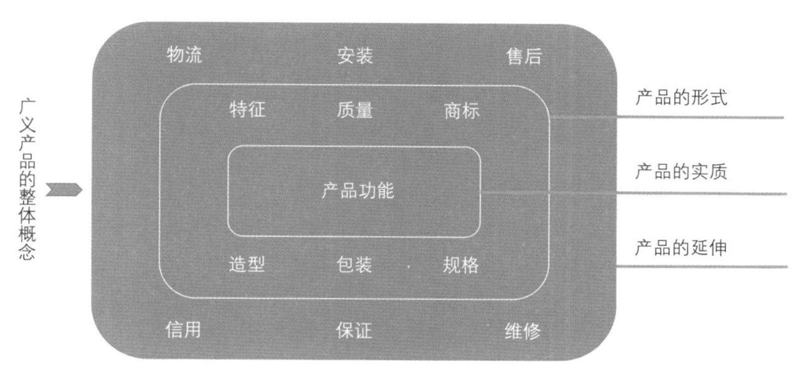

图 2–13 广义产品的整体概念

1. 实质

实质是指产品提供给消费者的效用和利益，即产品的使用价值。消费者购买某种产品，并不是为了获得这种产品本身，而是为了满足某种需要。例如，消费者购买冰箱，并不是要买到由压缩机、冷凝器等元件组成的一个箱体，而是为了用这种电器去冷冻和储存食品，满足人们饮食生活上的需要；同样，人们购买照相机，也不是仅仅为了获得一个装有一些机械的黑色匣子，而是为了满足其留念、回忆、报道等方面的现实需要（图2–14）。

图 2–14 电冰箱、照相机

2. 形式

形式是指产品的形体和外在表现，即核心产品得以实现的形式，包括产品的质量、品种、颜色、款式、规格、商标、包装等。良好的产品的形式能满足消费者心理上和精神上的某种需求。随着物质生活水平的提高和精神生活的丰富，人们将对产品的形式不断提出新的要求。在市场上，款式新颖、色泽鲜明、包装精良的产品，往往能够获得消费者的青睐。

3. 延伸

延伸是指产品的附加部分，如售后维修、咨询服务、分期付款、物流交货等。附加产品是促进消费者购买欲望的有力措施，例如，银行推出的各类理财产品、教师向学生传授知识、媒体供应商（如电台、电视台、报纸杂志以及互联网上各大门户网站等）提供的各类信息资讯、娱乐方式等，就属于非物质形态的服务。

第二节 智能信息产品的类别与应用

智能信息产品作为智能硬件，它是通过软硬件结合的方式，对传统设备进行改造，进而让其拥有智能化的功能。智能化之后，硬件具备连接的能力，实现互联网服务的加载，形成“云+端”的典型架构，具备了大数据等附加价值。常见智能信息产品包括智能手机、智能可穿戴设备、智能家居、智能汽车、智能机器人。

一、智能手机

智能硬件之始，起于智能手机。智能手机是具有独立的操作系统、独立的运行空间，可以由用户自行安装第三方服务商提供的软件、游戏、导航等的设备，并可以通过移动通信网络来实现无线网络接入的手机类型的总称。

智能手机具有优秀的操作系统、可自由安装各类软件、完全大屏的全触屏式操作感这三大特性，其中，苹果（Apple Inc.）、华为（HUAWEI）、三星（SAMSUNG）、诺基亚（NoKia Corporation）、宏达电（HTC）这五大品牌在全世界最广为人知，而小米、OPPO、魅族、联想（Lenovo）、中兴（ZTE）、酷派（Coolpad）、一加（OnePlus）、维沃（VIVO）、天语（K-Touch）等中国本土品牌也备受消费者关注（图2-15～图2-18）。

图 2-15　苹果手机

图 2-16　华为手机　　图 2-17　三星手机　　图 2-18　OPPO 手机

（一）发展历程

1998年，CDMA2000作为一项新兴技术迅速风靡全球并占据20%的无线市场。截至2012年，全球CDMA2000用户超过2.56亿，遍布70个国家的156家运营商已经商用3G CDMA业务。包含高通授权LICENSE的安可信通信技术有限公司在内，全球有数十家OEM厂商推出EVDO移动智能终端。智能手机也就是在这个大背景下诞生。

智能手机的诞生，是由掌上电脑（PDA）演变而来的。最早的掌上电脑并不具备通话功能，但是随着用户对于掌上电脑的个人信息处理方面功能的依赖的提升，又不习惯随时携带掌上电脑和手机两个设备，所以厂商将掌上电脑的系统移植到了手机中，于是才出现了智能手机这个概念。智能手机比传统的手机具有更多的综合性处理能力和功能，如Symbian的S60、Symbian3，以及一些MeeGo操作系统的智能手机。然而，就其发展来看，这些智能手机的类型有相融合的趋势。

另外，智能手机同传统手机外观和操作方式类似，不仅包含触摸屏而且包含非触摸屏数字键盘手机和全尺寸键盘操作的手机。但是传统手机使用的是生产厂商自行开发的封闭式操作系统，所能实现的功能非常有限，不具备智能手机的扩展性。“智能手机”这个说法主要是针对“功能手机”（Feature phone）而来，并不意味着这个手机有多“智能”（Smart）。从另一个角度来讲，所谓的“智能手机”就是一台可以随意安装和卸载应用软件的传统手机（就像计算机那样）。功能手机是不能随意安装和卸载应用软件的，虽然JAVA的出现使后来的功能手机具备了安装JAVA应用程序的功能，但是JAVA程序的操作友好性、运行效率及对系统资源的操作都比智能手机差很多。

世界上第一款智能手机是IBM公司1993年推出的IBM Simon（图2-19），它也是世界上第一款使用触摸屏的智能手机，使用的是Zaurus操作系统，虽然只有一款名为“Dispatch It”第三方应用软件，但它为之后的智能手机处理器奠定了基础，有着里程碑的意义。

2007年，第一代iPhone（图2-20）发布；2008年7月11日，苹果公司推出iPhone 3G。这标志着智能手机的发展自此开启了新的时代，iPhone成为了业界的标杆产品。之后，以iPhone为代表的智能手机逐渐成为主流。

图 2-19　IBM Simon

图 2-20　第一代 iPhone

（二）主要特点

1. 具备无线接入互联网的能力

即需要支持GSM网络下的GPRS或者CDMA网络的CDMA1X或3G（WCDMA、CDMA-2000、TD-CDMA）网络，甚至4G（HSPA+、FDD-LTE、TDD-LTE），如今，5G技术也普遍应用。

2. 具有掌上电脑的功能

掌上电脑功能包括PIM（个人信息管理）、日程记事、任务安排、多媒体应用、浏览网页等。

3. 具有开放性的操作系统

拥有独立的核心处理器（CPU）和内存，可以安装更多的应用程序，使智能手机的功能可以无限扩展。

4. 人性化

可以根据个人需要扩展机器功能。根据个人需要，可实时扩展机器内置功能、软件升级，以及智能识别软件兼容性，实现了软件市场同步的人性化功能。

5. 功能强大

扩展性能强，第三方软件支持多。

6. 运行速度快

随着半导体业的发展，核心处理器（CPU）发展迅速，使智能手机在运行方面越来越快。

图 2-21　Android 智能手机操作系统

（三）操作系统

1. Android

Android中文名叫“安卓”，是由谷歌和开放手持设备联盟联合研发，谷歌独家推出的智能手机操作系统（图2-21）。据2019年数据显示，Android占据全球智能手机操作系统市场87%的份额，在中国智能手机操作系统市场占有率为90%，可以说，Android成为全球最受欢迎的智能手机操作系统，也几乎彻底占领中国智能手机操作系统市场。这种情况是因为谷歌推出Android时，采用开放源代码（开源）的形式，所以世界上大量手机生产商采用Android生产智能手机，再加上Android在性能和其他各个方面上也非常优秀，综合起来便让Android一举成为全球第一大智能手机操作系统。

支持厂商：世界所有手机生产商都可任意采用，并且世界80%以上的手机生产商都采用。

基于Android智能手机操作系统的第三方智能手机操作系统：因为谷歌已经开放Android的源代码，所以中国和亚洲地区其他国家的部分手机生产商在原Android的系统上进行了二次研发，推出自己的品牌的操作系统，其中来源中国手机生产商的操作系统最为广泛，如Flyme、IUNI OS、MIUI、乐蛙、点心OS、腾讯tita、百度云OS、乐OS、CyanogenMod、JOYOS、Emotion UI、Sense、LG Optimus、魔趣、OMS、百度云・易、Blur、EMUI、阿里云OS等。

图 2-22　iOS 智能手机操作系统

2. iOS

苹果研发推出的智能手机操作系统（图2-22），采用封闭源代码（闭源）的形式推出，仅能苹果独家采用。截至2011年11月，根据Canalys的数据显示，iOS已经占据了全球智能手机操作系统市场份额的30%，在美国的智能手机操作系统市场占有率为43%，为全球第二大智能手机操作系统。iOS在世界上最为强大的竞争对手为谷歌推出的安卓智能手机操作系统和微软推出的Windows Phone智能手机操作系统，但因为iOS具有着独特又极为人性化、极为强大的界面和性能而深受用户的喜爱。

支持厂商：苹果（闭源）。

3. Windows Phone

Windows Phone是微软公司于2010年研发推出的智能手机操作系统，同时将谷歌的Android和苹果的iOS列为主要竞争对手，早期为全球第五大智能操作系统（图2-23）。截至2012年8月，微软Windows Phone（包括旧Windows Mobile系列和Windows Phone系列）占据了全球智能手机系统市场份额的为24%，超越了BlackBerry和Symbian，成为全球第三大智能手机操作系统。但是，由于种种原因，Windows Phone逐渐失去用户，最后于2019年惨淡退出市场。

图 2-23　Windows Phone 智能手机操作系统

支持厂商：诺基亚、三星、华为、HTC。

4. BlackBerry

BlackBerry为黑莓的英文名称，是加拿大RIM公司独立开发出的与黑莓手机配套的系统，在全世界都颇受欢迎（图2-24）。在此系统基础上，黑莓的手机更是独树一帜地在智能手机市场拼搏，并在中国形成了大批粉丝。2013年1月30日起，RIM与BlackBerry合并；2012年7月，BlackBerry占据了全球智能手机操作系统市场份额的7%，美国智能手机操作系统市场份额的11%，为全球第四大智能手机操作系统。由于BlackBerry系统的黑莓手机所面向的主要消费者为商务群体，忽略了普通消费者的需求，使其逐渐丢失市场，无奈被时代淘汰，最终退出市场。

支持厂商：RIM。

BlackBerry

图 2-24　BlackBerry Logo

5. Symbian

塞班公司研发的Symbian操作系统（图2-25）有智能手机操作系统和非智能手机操作系统。当初塞班公司被诺基亚收购，该系统便多次被诺基亚采用，开发了多款智能手机和非智能手机，因此诺基亚成为当时全球第一大手机生产商。

Symbian当时是全球第一的手机操作系统，但随着iOS和Android两款智能手机操作系统的问世，Symbian从全球第一大智能手机操作

图 2-25 Symbian OS Logo

系统的位置不断跌落。

诺基亚为了扭转颓势，2011年2月对外宣布与微软公司达成战略合作，开始设计生产基于微软推出的Windows Phone操作系统的智能手机。但因为缺乏新技术支持，Symbian的市场份额日益萎缩。

2013年1月，诺基亚宣布诺基亚808 PureView是其最后一款Symbian操作系统的手机，因此宣告Symbian已经“死亡”。一个伴随一代用户的美好记忆，曾经经历过辉煌时代的Symbian操作系统就此终结。

支持厂商：诺基亚、三星、LG、索尼、爱立信。

6. bada

图 2-26 bada Logo

bada是三星集团研发的智能手机操作系统（图2-26）。该智能操作系统结合当前热度较高的体验操作方式，承接三星Touch WIZ的经验，支持Flash界面，对互联网应用、重力感应应用、SNS应用有着很好的支撑。

电子商务公司与游戏开发公司也曾列入三星bada系统的主体规划中，如Twitter、CAPCOM、美国艺电公司（EA）和Game loft等公司为bada的紧密合作伙伴。但推出后仅三年时间所有运行Bada的设备就全面停产并淡出市场。

支持厂商：三星。

7. MeeGo

MeeGo是诺基亚和英特尔联合推出的一个免费智能手机操作系统（图2-27），中文名为米狗，与Android相同，都为开放源代码的智能操作系统。MeeGo是基于Linux的平台，并融合了诺基亚的Maemo和英特尔的Moblin平台。如诺基亚N9就是采用MeeGo1.2系统。该操作系统可在智能手机、笔记本电脑、电视等多种电子设备上运行，并有助于这些设备实现无缝集成。

图 2-27 MeeGo Logo

虽然MeeGo有着诺基亚和英特尔的优秀基因，但终究抵不过用户体验的市场决定性因素，从而惨遭衰退。

支持厂商：英特尔、诺基亚、富士通、三星、联想、宏基、华硕、

AMD、LG、中兴、华为、康佳、金立、海尔、多普达、天语、步步高、TCL、海信、酷派、长虹。

8.其他系统

基于HTML5的Firefox操作系统（图2-28）、Jolla的Sailfish（图2-29）、Tizen、基于Ubuntu的手机系统等。这些智能手机操作系统虽然也有不少亮点，但由于推出时间尚短或者还未真正上市，所以市场知名度普遍较低。

图 2-28　Firefox OS Logo

图 2-29　Sailfish OS Logo

（四）硬件系统

1.处理器

一部性能优秀的智能手机最为重要的肯定是它的“芯”也就是处理器（CPU），如同计算机处理器（CPU）一样，它是整台手机的控制中枢系统，也是逻辑部分的控制中心。处理器通过运行存储器内的软件及调用存储器内的数据库，达到控制手机的目的。

目前主流的手机处理器生产企业有德州仪器、三星、NVIDIA、英特尔、高通等。

德州仪器处理器有OMAP710、OMAP730、OMAP733、OMAP750、OMAP850一系列，其优点是低频高能且耗电量较少，是高端智能手机必备的处理器。

三星电子将基于ARM构架的处理器品牌命名为Exynos。Exynos由两个希腊语单词组合而来：Exypnos和Prasinos，分别代表“智能”与“环保”之意。Exynos系列处理器主要应用在智能手机和平板电脑等移动终端上。例如，iPhone 3GS就使用Exynos处理器。相对于其他的处理器，Exynos的优点是耗电量低、图形处理功能强劲。

NVIDIA Tegra 2是NVIDIA在美国拉斯维加斯的CES展场上，发布的新一代SoC片上系统处理器，专门针对移动互联网应用，尤其是高清平板机。NVIDIA Tegra 2基于台积电40纳米工艺制造，共包含2.6亿个晶体管，核心尺寸约为49毫米，8.8毫米BGA封装。包括一个音频解码核心、一个支持1080p H.264硬件加速的视频解码核心、一个高清视频编码核心、一个最高支持1200万像素摄像头的图片/照片处理核心、一个GeForce 2D/3D图形核心以及一个用于芯片内部数据/功耗管理的ARM 7处理器核心。

英特尔Atom处理器是英特尔历史上体积最小和功耗最小的处理器，拥有高频和低能耗的特点。Atom基于新的微处理架构，专门为小型设备设计，旨在降低产品功耗，同时也保持了同酷睿2双核指令集的兼容，产品还支持多线程处理。而所有这些只集成在面积不足25平方毫米的芯片上，内含4700万个晶体管，11个这种芯片面积才等于一美分硬币面积。

高通名声并不像德州仪器、英特尔那么响亮，可在智能手机用户中，高通受到欢迎的程度远远高于另两者。高通的手机芯片组主要包括Mobile Station Modems（MSM芯片组）、单芯片（QSC）以及Snapdragon平台，能够兼容各种智能系统，在主流的各厂商智能手机中都能发现其身影。高通处理器的特点是性能表现出色，多媒体解析能力强，并根据不同定位的手机，推出了经济型、多媒体型、增强型和融合型四种不同的芯片。同时高通的处理器芯片是首个能够兼容Android系统的，所以一下占据了Android手机处理器的半壁江山。对当时来说，Android是未来智能手机操作系统的大势所趋，高通就如同给这准备腾飞的Android加上了翅膀，前景一片光明。

2. 传感器

智能手机已经广泛应用并逐渐深入人们的日常生活中，人们对智能手机的要求也越来越多、越来越高。很多人会奇怪，智能手机是如何实现自动旋转屏幕等功能呢？其实，这都是传感器的功劳。

智能手机可以实现自动旋转屏幕这一功能，主要依靠加速度传感器，也就是重力感应器。加速度传感器能够测量加速度，可以监测手机的加速度的大小和方向。因此，能够通过加速度传感器来实现自动旋转屏幕，以及应用于一些游戏中。

智能手机中还会应用到位移传感器，位移传感器又称线性传感器。当将位移传感器应用于智能手机中时，手机将会具备多种功能，如接通电话后自动关闭屏幕来省电。此外，还可以实现“快速一览”等特殊功能。

气压传感器是用于测量气体绝对压强的仪器，应用于智能手机中则能够实现大气压、高度检测以及辅助GPS定位等功能。光线传感器在智能手机中也被普遍应用，主要作用为根据周围环境光线，调节手机屏幕本身的亮度，以提升电池续航能力。

3.GPS

澳大利亚初创公司Locata制作了与GPS原理相同的定位传送器，不过是安装在建筑物和基站塔上。因为这种定位传送器是固定的，并且可以提供比卫星更强的信号，可以提供非常精准的定位，该公司首席执行官Nunzio Gambale表示，Locata网络比GPS更可靠。

4. 电子罗盘

手机都有GPS功能了还有必要装个电子罗盘吗？其实很有必要，

因为在树林里或者是大厦林立的地方手机很有可能会丢失GPS信号，而有了电子罗盘后可以更好地保障使用者不会迷失方向，毕竟地球的磁场不会无端消失。更重要的是，GPS其实只能判断用户所处的位置，如果用户是处于静止或是缓慢移动的状态，GPS便无法得知用户所面对的方向，所以手机配上电子罗盘则可以很好地弥补这一点。

（五）主要功能

从广义上说，智能手机除了具备传统手机的通话功能外，还具备了掌上电脑的大部分功能，特别是个人信息管理以及基于无线数据通信的浏览器、GPS和电子邮件功能。随着智能手机在我们日常生活中担任着越来越重要的角色，其功能也在不断升级，智能手机主要具备的功能为智能电话功能以及多任务功能。智能手机的界定主要包括作业系统、软件、Web访问、QWERTY键盘、消息、联系人、日历、支持文档查看和编写、智能手机与Pushmail的关系等，多任务功能和复制粘贴则被认为是智能手机的标志之一。除主要功能外，智能手机还具备其他功能，例如，NFC、照相机、定位跟踪GPS、辅助GPS技术、Synthetic GPS、Cell ID、Wi-Fi、惯性传感器、蓝牙信号等。

智能手机为用户提供了足够的屏幕尺寸和带宽，既方便随身携带，又为软件运行和内容服务提供了广阔的舞台，很多增值业务可以就此展开。结合4G或5G通信网络的支持，智能手机势必成为一个功能强大，集通话、短信、网络接入、影视娱乐为一体的综合性个人手持终端设备。

二、智能可穿戴设备

智能可穿戴设备是应用穿戴式技术对日常穿戴进行智能化设计、开发出可以穿戴的设备的总称，如手表、手环、眼镜、服饰等。智能可穿戴设备的出现意味着人的智能化延伸，通过这些设备，人可以更好地感知外部与自身的信息，能够在计算机、互联网甚至其他人的辅助下更高效率地处理信息，能够实现更为无缝的交流。

广义的智能可穿戴设备包括功能全、尺寸大、可不依赖智能手机实现完整或者部分功能（如智能手表或智能眼镜等），以及只专注于某一类应用功能，需要和其他设备（如智能手机）配合使用（如各类进行体征监测的智能手环、智能首饰等）。随着技术的进步以及用户需求的变迁，智能可穿戴设备的形态与应用热点也在不断变化。

穿戴式技术在国际计算机学术界和工业界一直都备受关注，只不过由于造价成本高和技术复杂，很多相关设备仅停留在概念领域。随着移动互联网的发展、技术的进步和高性能低功耗处理器的推出等，部分穿戴式设备已经从概念化走向商用化，新式智能可穿戴设备不断出现，FashionComm（乐源数字）、Google（谷歌）、Apple（苹果）、Sony（索尼）等诸多科技公司也都开始在这个全新领域进行深入探索。

（一）发展历史

智能可穿戴式设备拥有多年的发展历史，概念和雏形在20世纪60年代即已出现，而具备智能可穿戴式设备的形态则是在20世纪70～80年代。随着计算机标准化、软硬件以及互联网技术的高速发展，智能可穿戴式设备的形态开始变得多样化，逐渐在工业、医疗、军事、教育、娱乐等诸多领域表现出重要的研究价值和应用潜力。

在学术科研层面，美国麻省理工学院、卡耐基梅隆大学，日本东京大学工程学院以及韩国科学技术院等研究机构均有专门的实验室或研究组专注于智能可穿戴设备的研究，拥有多项创新性的专利与技术。而中国也在20世纪90年代后期开展智能可穿戴设备研究。

在学术研究活动方面，美国电气和电子工程师协会成立了可穿戴IT技术委员会，并在多个学术期刊设立了可穿戴计算的专栏。国际性的智能可穿戴设备学术会议IEEE ISWC自1997年首次召开以来，截至2021年，已举办了24届。在中国国家自然科学基金委员会的支持下，由中国计算机学会、中国自动化学会、中国人工智能学会等主办召开了3届全国性的可穿戴计算学术会议。另外，中国国家自然科学基金委员会和国家高技术研究发展计划“863计划”也支持了多项智能可穿戴式设备相关技术产品的研发项目。

（二）智能可穿戴设备代表产品

1. Apple Watch

Apple Watch采用曲面玻璃设计，内部拥有通信模块，用户可通过它完成多种工作，包括调整播放清单、查看最近通话记录和回复短信等（图2-30）。当然，它内部采用的是苹果自己的iOS系统。

图2-30　Apple Watch

正如iPhone重新定义了智能手机，iPad开启了平板电脑时代一样。Apple Watch被认为是苹果的又一个颠覆性产品。但Apple Watch并不会取代iPhone，更多的只是作为iPhone的补充以及扩展其他设备的功能，让用户使用苹果设备变得更方便。

2. FashionComm A1

智能手表FashionComm A1（图2-31）出自知名度不高，但却是国内智能穿戴设备行业最具影响力的先驱者——乐源数字，因其开发了

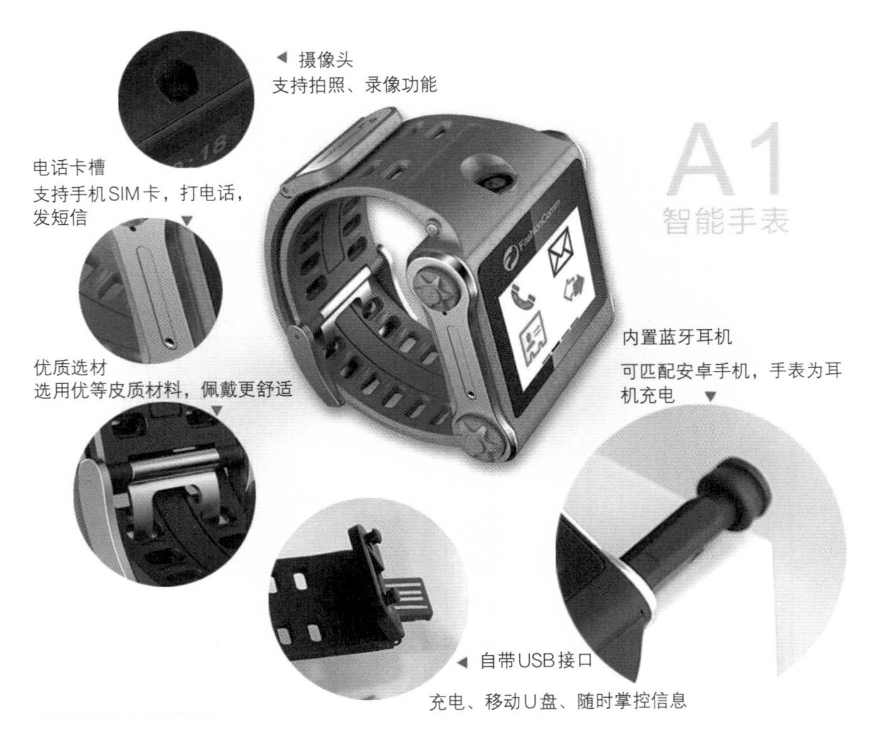

图 2-31　FashionComm A1

这款产品，使其堪称中国智能手表的开创者。

该产品在国内率先使用超低能耗高通Mirasol显示技术，是市面上续航能力最长的智能手表之一。能够全天候记录行动数据，核算脂肪燃烧情况。Fashion Comm提供的云平台服务，可让用户全面了解运动数据，掌握身体健康状况。Fashion Comm A1的独特之处在于内嵌了蓝牙耳机，并采用了USB表带设计。

3. 智能手环

智能手环是新兴起的一个科技领域，它可以跟踪用户的日常活动、睡眠情况和饮食习惯，将数据与iOS或Android设备、云平台同步，帮助用户了解和改善自己的健康状况，分享运动心得，如小米手环（图2-32）、动动手环、Fashion Comm L28-C运动手环等产品。

图 2-32　小米手环

4. 谷歌眼镜

谷歌眼镜本质上属于微型投影仪、摄像头、传感器、存储传输、操控设备的结合体（图2-33）。它将眼镜、智能手机、摄像机集于一身，通过计算机化的镜片将信息以智能手机的文件格式实时展现在用户眼前。另外它还可以作为生活助手，为用户提供GPS导航、收发短信、摄影拍照、网页浏览等功能。它的工作原理其实是通过眼镜中的微型投影仪先将光投到一块反射屏上，而后通过一块凸透镜折射到人

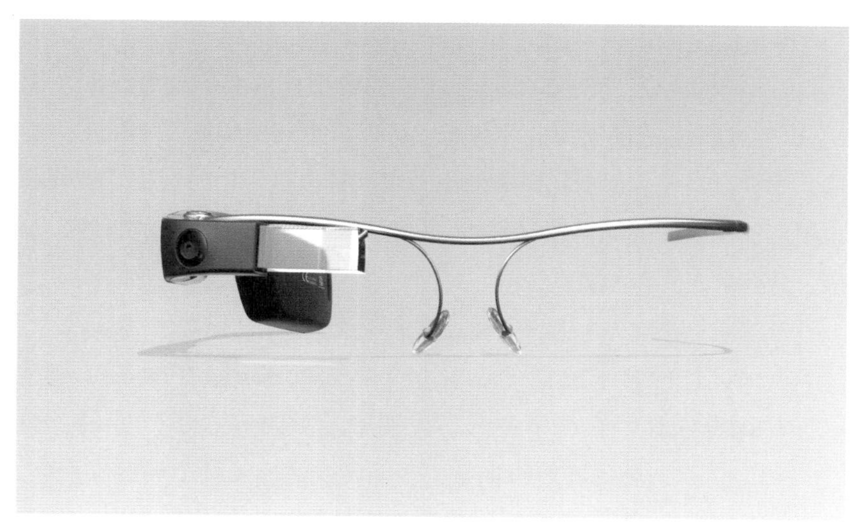

图 2-33　谷歌眼镜

的眼球，实现所谓的“一级放大”，在用户眼前形成一个足够大的虚拟屏幕，可以显示简单的文本信息和各种数据。所以，谷歌眼镜看起来就像是一个可佩戴式的智能手机，可以帮助用户拍照、录像、打电话，省去了从口袋中掏出手机的麻烦。

5. BrainLink（脑电波传感器）

BrainLink是由宏智力专为iOS及Android系统研发的配件产品，它是一个安全可靠、佩戴简易方便的头戴式脑电波传感器。它可以通过蓝牙无线连接手机、平板电脑、手提电脑、台式电脑或智能电视等终端设备，配合相应的应用软件就可以实现意念力互动操控。

6. Electronic Drum Machine T-shirt（鼓点T恤）

图 2-34　鼓点 T 恤

如果用户是一位音乐爱好者，图2-34所示这件鼓点T恤想必会受到热烈欢迎。这件衣服上内置了鼓点控制器，用户通过敲击不同部位可以发出不同的鼓点声音，有点类似于平板电脑上的架子鼓软件。如果用户觉得不过瘾的话，还可以搭配一条可以配置迷你扩音器的裤子，让自己随时随地都能够演奏音乐，随时随地成为焦点。

7. Solar Bikini（太阳能比基尼）

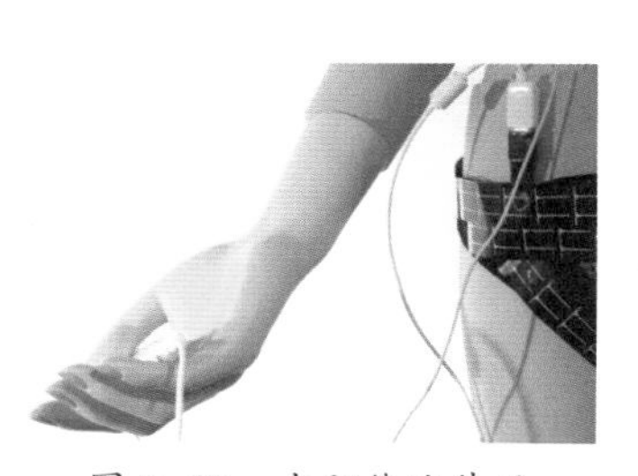

图 2-35　太阳能比基尼

太阳能比基尼可以通过装配的光伏薄膜带，吸收太阳能并将之转为电能，然后为智能手机或者其他小型数码产品进行充电（图2-35）。而且它也是一件真正的泳衣，女性可以穿上它游泳，待泳衣晒干后便能继续使用充电功能。另外，Solar Bikini能直接将能量传输，意味着它并不存储能量，使用起来将十分安全。该款比基尼充电模式下有5伏电压，是人体所察觉不到的。所以，它是一件非常实用、安全的产品。

8. Social Denim（社交牛仔裤）

Replay推出了第一款具有社交功能的牛仔裤Social Denim（图2–36）。这种牛仔裤支持蓝牙功能，可以将牛仔裤跟智能手机进行连接，用户只需要点击前面口袋的小装置就可以进行即时通信，方便用户更新社交软件上的信息。另外，它还可以实时监测用户的情绪，追踪、分享个人的幸福感。

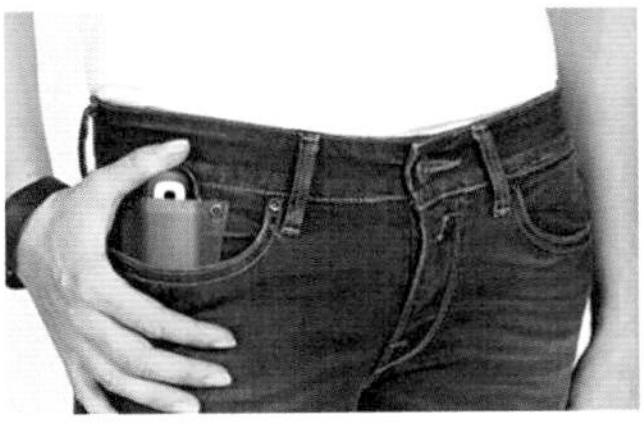

图 2–36　社交牛仔裤

9. 卫星导航鞋

英国设计师多米尼克·威尔考克斯（Dominic Wilcox）通过电影《绿野仙踪》获得了灵感，发明了一款带有GPS功能的皮鞋（图2–37）。这双鞋的脚后跟拥有一个非常先进的无线全球定位系统，可以通过USB来设定目的地。这款能够导航的皮鞋使用起来也非常方便，当需要的时候，用鞋跟轻轻敲击地面即可，而启动后就能看见装在鞋子前段的LED灯会亮起来，其中一只鞋是表示距离目的地的远近，而另一只鞋为用户指明方向。

图 2–37　卫星导航鞋

10. 可佩戴式多点触控投影机

微软研究院推出了一款可佩戴式多点触控投影机（Wearable Multitouch Projector），其可将任一平面变成可触控显示器。它整合了Kinect风格动作、深度感测相机和微型投影仪等功能，用户可将核心内容投影到附近的任一平面上，并进行点击、滑动以及缩放操作。该设备略显笨拙、粗糙，但其触摸式输入的整体效果十分不错。

（三）应用领域

智能可穿戴式设备的应用领域可以分为两大类，即自我量化与体外进化。

1. 自我量化领域

在自我量化领域，最为常见的即为两大应用细分领域，一个是运动健身户外领域，另一个是医疗保健领域。在运动健身户外领域，主要的参与企业是生产专业运动户外产品的企业及一些新创公司，以轻量化的智能手表、智能手环、智能配饰为主要形式，实现运动或户外数据如心率、步频、气压、潜水深度、海拔等指标的监测、分析与服务。代表企业如Suunto、Nike、Adidas、Fitbit、Jawbone等。而在医疗保健领域，主要的参与企业是医疗便携设备企业，以专业化方案提供血压、心率等医疗体征的检测与处理，形式较为多样，包括智能医疗背心、智能腰带、智能植入式芯片等。代表企业如Body Tel、First Warning、Nuubo、Philips等。

2. 体外进化领域

在体外进化领域，这类智能可穿戴式设备能够协助用户实现信息感知与处理能力的提升，其应用领域极为广阔，从休闲娱乐、信息交流到行业应用，用户均能通过拥有多样化的传感、处理、连接、显示功能的智能可穿戴式设备来实现自身技能的增强或创新。主要的参与者为高科技企业中的创新者以及学术机构，产品形态以全功能的智能手表、智能眼镜等为主，不用依赖智能手机或其他外部设备即可实现与用户的交互。代表企业如Google、Apple以及麻省理工学院等。

（四）未来发展

1. 应用前景

智能可穿戴式设备的本意，是探索人和科技全新的交互方式，为每个用户提供专属的、个性化的服务，而设备的计算方式无疑要以本地化计算为主——只有这样，才能准确定位和感知每个用户的个性化、非结构化数据，形成每个用户随身移动设备上独一无二的专属数据计算结果，并以此找准直达用户内心的真正有意义的需求，最终通过与中心计算的触动规则来展开各种具体的针对性服务。

智能可穿戴式设备林林总总、五花八门，已经从幻想走进现实，它们的出现极大地改变现代人的生活方式。

2. 消费预测

近年来，智能可穿戴设备市场规模增长迅速，在未来有着较大的提升空间。据北京研精毕智信息咨询有限公司数据显示，2020年全球智能可穿戴设备行业市场规模约480亿美元，2021年市场规模增长到550亿美元，2022年达到630亿美元，随着物联网时代的不断发展，在未来，智能可穿戴设备巨大的市场潜力将得到充分发掘。

三、智能家居

智能家居即Smart Home（图2-38），是以住宅作为基础的操作平台，利用综合布线技术、网络通信技术、安全防范技术、自动控制技术、音视频技术集成有关家居生活的设施（包括智能家电、智能影音、智能遮阳、智能灯光、智能清洁、智能恒温、智能门禁、智能监控、智能防盗等），达到设备自动化管理，构建高效的住宅设施与家庭日常事务的管理系统，提升家居生活的安全性、便利性、舒适性、艺术性，并实现环保节能的居住环境。智能家居的基础是物联网，核心在于一体化控制。

图 2-38　智能家居场景图

（一）发展背景

智能家居是在物联网影响之下物联化的体现，如图2-39所示。智能家居通过物联网技术将家中的各种设备（如音视频设备、照明系统、窗帘控制系统、空调控制系统、安防系统、数字影院系统、影音服务器、影柜系统等）连接到一起，提供家电控制、照明控制、电话远程控制、室内外遥控、防盗报警、环境监测、暖通控制、红外转发以及可编程定时控制等多种功能和手段。与普通家居相比，智能家居不仅具有传统的居住功能，还兼备网络通信、信息家电、设备自动化、提供全方位的信息交互等功能，可以为各种能源费用节约资金。

智能家居的概念起源很早，但一直未有具体的建筑案例出现，直到1984年美国联合科技公司（United Technologies Building System）将建筑设备信息化、整合化概念应用于美国康涅狄格州（State of Connecticut）哈特佛市（Hartford）的City Place Building时，才出现了首栋"智能型建筑"，从此揭开了全世界争相建造智能家居的序幕。

（二）中国智能家居的发展历程

智能家居作为一个新生产业，处于一个导入期与成长期的临界点，消费者的消费观念还未形成。但是，随着智能家居市场进一步的推广

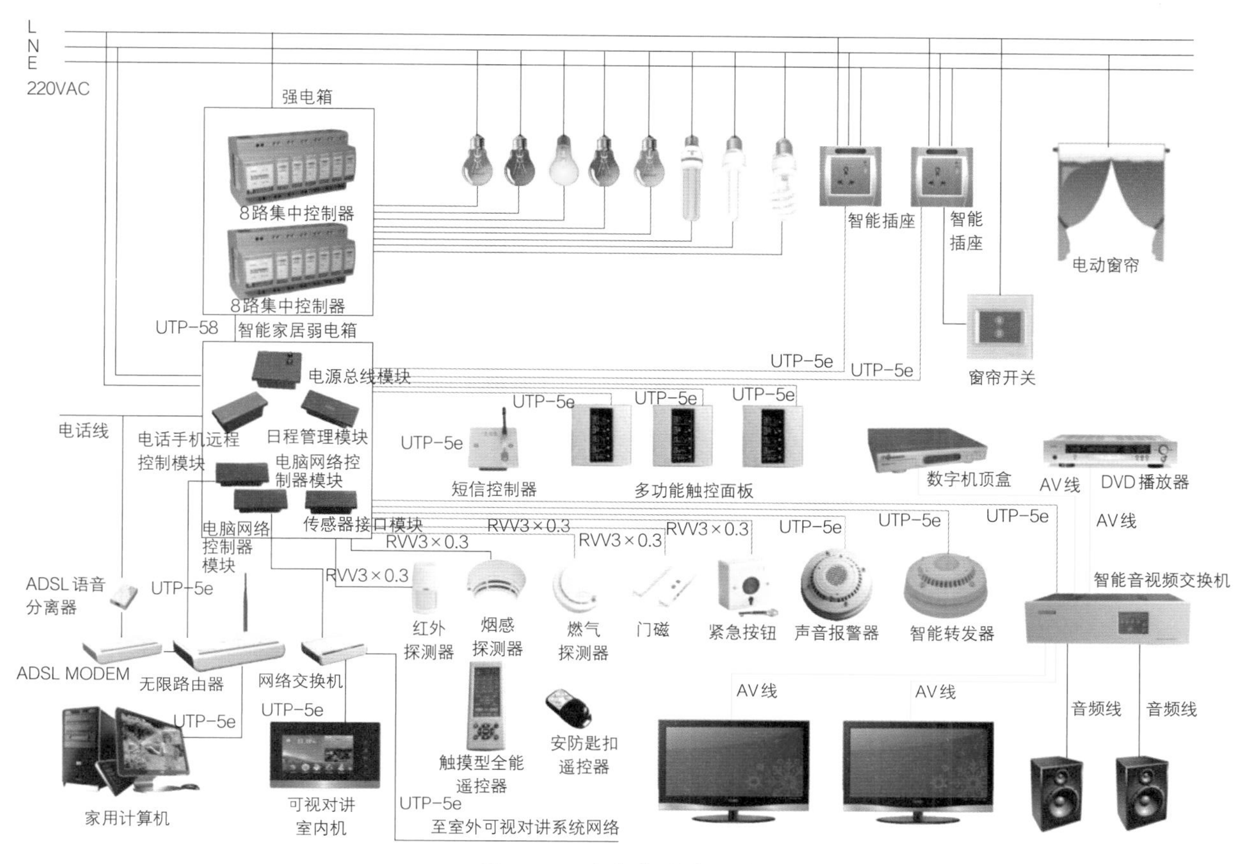

图 2-39　智能家居系统图

普及，等培育起消费者的使用习惯，智能家居市场的潜力必然是巨大的，产业前景光明。智能家居在中国的发展历程有五个阶段，分别是萌芽期、开创期、徘徊期、融合演变期、爆发期。

1. 萌芽期（1994~1999年）

这是国内智能家居第一个发展阶段，整个行业还处在一个概念熟悉、产品认知的阶段，这时没有出现专业的智能家居生产企业，只有一两家智能家居代理销售的企业从事进口零售业务，产品也多销售给居住在中国的欧美用户。

2. 开创期（2000~2005年）

这一阶段，国内先后成立了五十多家智能家居研发生产企业，主要集中在深圳、上海、天津、北京、杭州、厦门等地。智能家居的市场营销、技术培训体系逐渐完善起来。此阶段，国外智能家居产品基本没有进入国内市场。

3. 徘徊期（2006~2010年）

由于上一阶段智能家居企业的野蛮成长和恶性竞争，给智能家居行业带来了极大的负面影响，包括过分夸大智能家居的功能，而实际上无法达到这个效果；厂商只顾发展代理商而忽略了对代理商的培训和扶持，导致代理商经营困难、产品不稳定、用户高投诉率等种种问题。

用户、媒体开始质疑智能家居的实际效果，由原来的鼓吹变得谨慎，市场销售也出现增长减缓以及部分区域销售额下降的现象。并且出现多家智能家居生产企业退出这一市场的现象，各地代理商也犹豫转行。坚持下来的智能家居企业也缩减了规模。

正是在这一阶段，国外的智能家居品牌开始进入了国内市场，而国内部分坚持下来的企业也逐渐找到自己的发展方向，并开展了激烈的竞争。

4.融合演变期（2011~2020年）

进入2011年以后，智能家居市场销售明显有了增长的势头，而且大的行业背景是房地产受到调控。智能家居的放量增长，说明智能家居行业进入了一个拐点，由徘徊期进入了融合演变期。2011~2016年，智能家居一方面进入一个相对快速的发展阶段，另一方面协议与技术标准开始主动互通和融合，行业并购现象开始出现，甚至成为主流。

2016~2020年，是智能家居行业发展极为快速的时期。由于住宅家庭成为各行业争夺的焦点市场，智能家居作为一个承接平台成为各方力量首先争夺的目标。

5.爆发期（2020年以后）

随着全球范围内信息技术创新不断加快，信息领域新产品、新服务、新业态大量涌现，不断激发新的消费、需求，成为日益活跃的消费热点。各大厂商开始密集布局智能家居，越来越多的厂商介入和参与已使得外界意识到，国内智能家居未来已不可逆转，国内智能家居企业如何发展自身优势和其他领域的资源进行整合，成为企业本身乃至行业“站稳”的要素。

（三）基本分类

1.家庭自动化

家庭自动化是指利用微处理电子技术来集成或控制家中的电子电器产品或系统，如照明灯、咖啡炉、电脑设备、保安系统、暖气及冷气系统、视讯及音响系统等。

家庭自动化系统（图2-40）主要是中央微处理机接收来自相关电子电器产品（如太阳初升或西落等所造成的光线变化等外界环境因素变化）的讯息后，再以既定的程序发送适当的信息给其他电子电器

图 2-40 家庭自动化系统

产品。中央微处理机必须通过许多界面来控制家中的电器产品，这些界面可以是键盘，也可以是触摸式荧幕、按钮、电脑、电话机、遥控器等。用户可发送信号至中央微处理机，或接收来自中央微处理机的讯号。

家庭自动化是智能家居的一个重要系统，在智能家居刚出现时，家庭自动化甚至就等同于智能家居。它仍是智能家居的核心之一，但随着新技术在智能家居的普遍应用，网络家电、信息家电的成熟，家庭自动化的许多产品功能将融入这些新产品中，从而使单纯的家庭自动化产品在系统设计中越来越少，其核心地位也将被家庭网络、家庭信息系统所代替，它将作为家庭网络中的控制网络部分在智能家居中发挥作用。

2. 家庭网络

首先要把这个“家庭网络”和纯粹的“家庭局域网”分开，“家庭局域网”是指连接家庭里的PC、各种外设及与因特网互联的网络系统，它只是“家庭网络”的一个组成部分。家庭网络（图2-41）是在家庭范围内（可扩展至邻居以及小区）将PC、家电、安全系统、照明

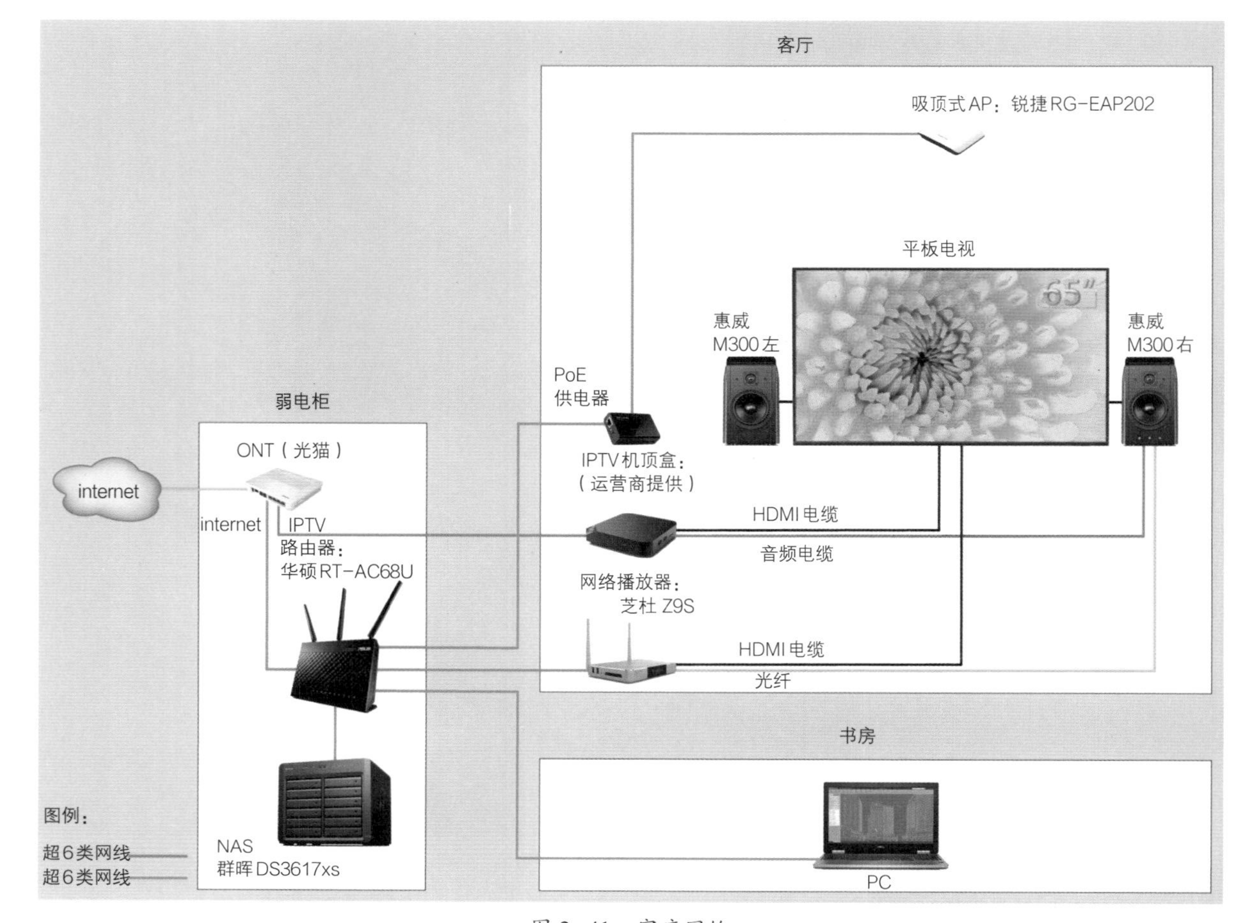

图 2-41　家庭网络

系统和广域网相连接的一种新技术。

当前，家庭网络所采用的连接技术可以分为“有线”和“无线”两大类。

有线方案主要包括双绞线或同轴电缆连接、电话线连接、电力线连接等。

无线方案主要包括红外线连接、无线电连接、基于RF技术的连接和基于PC的无线连接等。

家庭网络相比传统的办公网络来说，加入了很多家庭应用产品和系统，如家电设备、照明系统，因此相应技术标准也比较高。

3. 网络家电

网络家电是将普通家用电器利用数字技术、互联网技术及智能控制技术设计改进的新型家电产品。网络家电可以实现家电之间的互联并组成一个家庭内部网络，同时这个家庭内部网络又可以与外部互联网相连接。可见，网络家电技术包括两个层面：一是家电之间的互连问题，也就是使不同家电之间能够互相识别、协同工作；二是解决家电网络与外部网络的通信，使家庭的内部网络真正成为外部网络的延伸。

要实现家电间互联和信息交换，就需要解决两个问题：一是描述家电的工作特性的产品模型，使得数据的交换具有特定含义；二是信息传输的网络媒介。在解决网络媒介这一难点中，可选择的方案有电力线、无线射频、双绞线、同轴电缆、红外线、光纤等。比较可行的网络家电包括网络冰箱、网络空调、网络洗衣机、网络热水器、网络微波炉、网络炊具等。网络家电未来的方向也是充分融合到家庭网络中去。

4.信息家电

信息家电是一种价格低廉、操作简便、实用性强、带有PC主要功能的家电产品，是利用计算机技术、电信技术和电子技术与传统家电（包括白色家电：电冰箱、洗衣机、微波炉等；黑色家电：电视机、录像机、音响、VCD、DVD等）相结合的创新产品，是为数字化与互联网技术更广泛地深入家庭生活而设计的新型家用电器。所有能够通过网络系统交互信息的家电产品，都可以称为信息家电，如PC、机顶盒、HPC、超级VCD、无线数据通信设备、WEBTV、INTERNET电话等。音频、视频和通信设备是信息家电的主要组成部分。

另外，信息家电能够在传统家电的基础上，将信息技术融入其中，使其功能更加强大，使用更加简单、方便和实用，为家庭生活创造更高的生活品质。例如，模拟电视发展成数字电视，VCD变成DVD，电冰箱、洗衣机、微波炉等也在变成数字化、网络化、智能化的信息家电。

从广义的定义来看，信息家电产品实际上包含了网络家电产品。但是，如果从狭义的定义来界定，可以这样做一简单分类：信息家电更多是指带有嵌入式处理器的小型家用（个人用）信息设备，它的基本特征是与网络（主要指互联网）相连而有一些具体功能的产品，可以是成套产品，也可以是一个辅助配件。而网络家电则指一个具有网络操作功能的家电产品，可以理解为普通家电产品的升级。

（四）技术特点

智能家居网络随着集成技术、通信技术、互操作能力和布线标准的实现而不断改进。它涉及对家庭网络内所有的智能家具、设备和系统的操作、管理以及集成技术的应用。其技术特点表现如下：

1.通过家庭网关及其系统软件建立智能家居平台系统

家庭网关是智能家居局域网的核心部分，主要完成家庭内部网络各种不同通信协议之间的转换和信息共享，以及与外部通信网络之间的数据交换功能，同时网关还负责家庭智能设备的管理和控制。

2.统一的平台

运用计算机技术、微电子技术、通信技术，家庭智能终端将家庭智能化的所有功能集成起来，使智能家居建立在一个统一的平台之上。

首先，实现家庭内部网络与外部网络之间的数据交互；其次，还要保证能够识别通过网络传输的指令是合法的指令，而不是“黑客”的非法入侵。因此，家庭智能终端既是家庭信息的交通枢纽，又是信息化家庭的“保护神”。

3.通过外部扩展模块实现与家电的互联

为实现家用电器的集中控制和远程控制功能，家庭网关通过有线或无线的方式，按照特定的通信协议，借助外部扩展模块控制家电或照明设备。

4.嵌入式系统的应用

以往的家庭智能终端，绝大多数是由单片机控制的。随着新功能的增加和性能的提升，将处理能力大大增强的具有网络功能的嵌入式操作系统和单片机的控制软件程序做了相应的调整，使之有机地结合成完整的嵌入式系统。

（五）设计原则

衡量一个智能家居系统的成功与否，并非仅取决于智能化系统的多少、系统的先进性或集成度，而是取决于系统的设计和配置是否经济合理并且系统能否成功运行，系统的使用、管理和维护是否方便，以及系统或产品的技术是否成熟适用。换句话说，就是如何以最少的投入、最简便的实现途径来换取最大的功效，最终实现便捷高质量的生活。为了实现上述目标，智能家居系统设计时要遵循以下原则：

1.实用便利性

智能家居最基本的目标是为人们提供一个舒适、安全、方便和高效的生活环境。对智能家居来说，最重要的是以实用为核心，因此需要摒弃掉那些华而不实、只能充作摆设的功能，产品应以实用性、易用性和人性化为主。

在设计智能家居系统时，应根据用户对智能家居功能的需求，整合以下最实用、最基本的家居控制功能：智能家电控制、智能灯光控制、电动窗帘控制、防盗报警、门禁对讲、煤气泄漏报警等。同时还可以拓展诸如三表抄送、视频点播等服务增值功能。

对个性化智能家居的控制方式可以丰富多样，如本地控制、遥控控制、集中控制、手机远程控制、感应控制、网络控制、定时控制等，其本意是让人们摆脱烦琐的事务，提高效率。但如果实际操作过程和程序设置过于烦琐，容易让用户产生排斥心理。

所以进行设计时一定要充分考虑到用户体验，注重操作的实用性和便利性，最好能采用图形图像化的控制界面，让操作所见即所得。

2.标准性

应依照国家和地区的有关标准，进行智能家居系统的方案设计，确保系统的兼容性、扩充性和扩展性。在系统传输上采用标准的TCP/IP协议网络技术，保证不同厂商之间的系统可以兼容与互联，保证系统的前端设备是多功能的、开放的、可以扩展的设备。例如，系统主机、终端与模块采用标准化接口设计，为家居智能系统外部企业提供集成的平台，而且其功能可以扩展，当需要增加功能时，不必再“开挖管网”，简单可靠、方便节约。按国家和地区有关标准设计选用的系统和产品能够保障本系统与未来不断发展的第三方受控设备进行互通互联。

3.方便性

智能家居有一个显著特点，就是安装、调试与维护的工作量较大，需要大量的人力、物力投入，这成为制约行业发展的瓶颈。针对这个问题，应在设计系统时就考虑安装与维护的方便性。例如，系统可以通过因特网远程调试与维护。通过网络，不仅使用户能够实现智能家居系统的控制功能，还允许设计人员远程检查系统的工作状况，对系统出现的故障进行诊断。这样，系统设置与版本更新就可以在异地进行，大大方便了系统的应用与维护，提高了反应速度，降低了维护成本。

4.轻巧性

轻巧型智能家居产品，顾名思义，是一种轻量级的智能家居系统。“简单”“实用”“灵巧”是它的最主要特点，也是其与传统智能家居系统最大的区别。所以，一般把无须施工部署，功能可自由搭配组合，且价格相对便宜，可零售的智能家居产品称为轻巧型智能家居产品。因此，可以看出轻巧性是建立在前几条原则的基础上，也是需要遵循的重要原则。

（六）存在的问题

1.关于制定智能家居的标准

标准之争，实质上是市场之争。多年前，发达国家就有了智能家居的概念和标准，当时国内的标准偏重于安防。随着通信技术和互联网技术的发展，传统的建筑产业与IT产业有了深度融合，国内智能家居的概念才得以真正发展。

中国的居住环境与发达国家不同，中国的智能家居概念及其实施标准带有很强的中国特色。加入世界贸易组织（WTO）后，中国的行业管理与国际接轨，以行业协会为龙头推进标准化进程、加强行业管理成为重点。

2.产品标准化——行业发展的必由之路

目前，中国的智能家居控制系统产品很多，但却缺乏统一的标准，各个企业的产品标准互不兼容，而随着市场竞争的加剧，部分中小企业被迫退出这个市场。但是，已使用了他们产品的用户一旦遇到问题，将面临无备品、备件可供维修的情况。由此可见，推进标准化进程是智能化行业的必由之路，也是当务之急。

3.个性化——智能家居控制系统的生命所在

在公众生活的模式中，家居生活是最能体现个性化的，无法用一种标准程式去规定大家的家庭生活。这就决定个性化是智能家居控制系统的生命所在。

4.家电化——智能家居控制系统的发展方向

智能家居产品有些已变成了家用电器，有些正在变成家用电器，IT企业和家电企业倾力推出的“网络家电”就是互联网与家电结合的产物。

（七）发展趋势

1.环境控制和安全规范

建设智能家居的目的是给人们提供安全、舒适的生活环境。但是，目前的智能家居系统在这个方面显现出许多不足之处。未来智能家居的发展，必然需要在这方面开展完善工作，并将这个理念贯穿到智能家居的各个系统中，例如，影音设备、温度调控、安全控制等。对此，还要完成远程与集中控制并行的任务，确保整个家居生活体现出更加人性化的特点。

2.新技术、新领域的应用

为了适应未来的发展状况，智能家居必然会和新技术进行融合，IPv6（Internet Protocol Version 6，互联网协议第6版）等新型通信技术的发展会起到重要的促进作用，智能家居的控制方面将会引发IT行业的发展新风潮。另外，智能家居系统在得到改进之后，能够在商业化的氛围中进行应用，从而拓宽其应用范围，这种情况会使得智能家居的市场也随之出现大范围的扩展。

3.和智能电网相结合

使用智能电网的用户，如果同时也在享受智能家居的服务，那么他的需求就是在两者之间可以建立一个有效的紧密通信，能够对智能家居与智能电网相结合的各种信息进行统筹，进行实际的有效管理。

（八）应用案例

目前，美国和欧洲的智能家居系统研发一直处于领先地位。例如，德国电信、Verizon、谷歌等公司纷纷推出了自己的智能家居产品，并建立了智能家居的中枢设备接口以整合各项服务。国内的智能家居相较国外发展布局较晚，但发展势头却呈“井喷”的状态。中国的互联网公司纷纷进军智能家居行业，研发了一系列诸如智能电视、智能音箱、智能空调、智能照明等智能家居设备。

1. 智能电视

智能电视是通过互联网应用技术，将各种开放式操作系统和芯片集成到电视中的产品。智能电视一般都拥有开放式应用平台，可实现双向的人机交互功能，并集影音、娱乐、数据等多种功能于一体，满足用户多样化和个性化的需求。

由于智能电视具有开放式平台，搭载了操作系统，用户不但可以欣赏电视内容，还可以安装各类应用软件，扩展了电视的应用场景。也正是由于智能电视的扩展性和丰富性，智能电视已经成为电视的主流产品。研发智能电视的企业既有互联网企业，也有传统家电企业，如小米、长虹、海尔、TCL等。

小米是较早推出智能电视的企业。小米智能电视于2013年9月5日正式发布，这是互联网企业第一次涉足传统家电行业。为了抢先占领市场，小米将“米粉”视为主要客群，并将智能电视定义为“年轻人的第一台电视”。年轻人是最容易接受新鲜事物的用户群体，同时智能电视也能激发他们的购买兴趣。明确的目标受众及出色的粉丝文化，使小米智能电视对传统电视市场产生了强有力的冲击。

2. 智能音箱

智能音箱是音箱的升级产品，是家庭消费者用语音进行上网的一个工具。智能音箱的代表产品有亚马逊Echo（图2-42）、天猫精灵、小米AI音箱（图2-43）等。用户通过智能音箱可以点播歌曲、上网购物、了解天气预报，还可以通过智能音箱对智能家居设备进行控制，如控制灯泡明暗、控制冰箱温度和控制热水器的水温等。

亚马逊Echo自2014年发布以来，已经成为国外市场上十分火热的智能家居产品之一，用户通过亚马逊Echo可以用语音控制家电、购买商品、咨询问题。

智能音箱在中国的发展非常迅速。2017年智能音箱的概念在中国还没有被提及，但在随后短短的一年时间内，中国智能音箱市场突然诞生了出货量超百万台的智能音箱产品。近年来，市场上广受消费者喜爱的

图 2-42 亚马逊 Echo 智能音箱

图 2-43 小米 AI 音箱

智能音箱产品主要有天猫精灵、小豹AI音箱、小米AI音箱与小度。

3. 智能空调

智能空调（图2-44）是在普通空调的基础上加入了人工智能科技元素的空调。智能空调能根据外界气候条件，按照预先设定的指标，通过各种传感器收集室内的温度、湿度、空气清洁度等信息进行分析、判断，并根据预先设定的指标自动启动制冷、加热、去湿及空气净化等相关功能。除此之外，智能空调还加入了很多人性化功能，如语音识别、手机App远程控制、记忆使用习惯等。

随着消费需求的提高，越来越多的家电企业及互联网企业都将目光投到了智能空调这一领域，越来越多的家庭也逐渐将其视为家庭标配产品。因此，智能空调的市场在未来还是比较大的。

未来的智能空调应主要在两个方面发力：

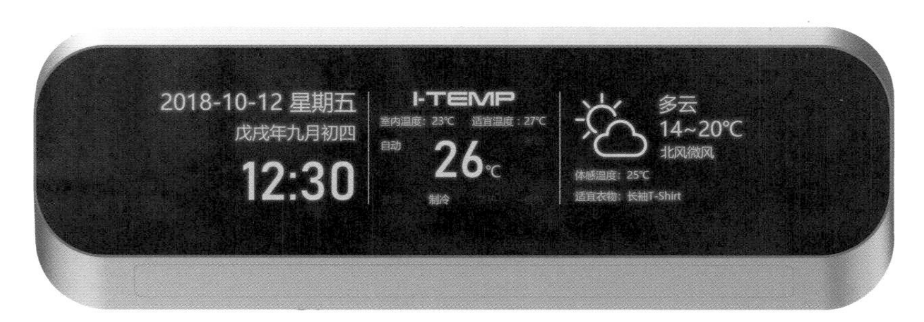

图 2-44 智能空调

一是产品智能化程度。目前的智能空调仍然依赖于第三方操作，如手机、平板电脑等。而过分依赖第三方操作大大降低了其可用性，未来的智能空调其本身必将具有更强的智能化功能。

二是感知能力。未来的智能空调不能仅局限于空气、温度感知，更应加强人体感知。例如，空调需要自动感知到人的存在、位置、数量，并通过机器自身的计算实现环境与人的最佳适配。

4. 智能照明

智能照明是采用物联网技术，将灯泡连接至互联网，实现节能化、艺术化和人性化的照明设备（图2-45）。未来智能照明必定会成为家居照明文化的主导。通过智能照明，用户可以根据自身的照明需求（如颜色、温度、亮度和方向等）来设定自己喜欢的照明效果。另外，智能照明也可以通过手机进行控制，营造不同的室内智能照明效果。通过智能照明，人们还可以根据不同的场景和氛围，在不同的空间和时间选择并控制灯光的亮度、灰度和颜色，模拟出各种灯光环境来引导、改善情绪，获得人性化的照明环境。

智能照明一般采用LED冷光源，属于节能照明。与普通的白炽灯、荧光灯相比，智能照明的节电效率可以达到90%以上，节能效益可观。智能照明在卧室、客厅、厨房、办公室、会议室、电脑室、网吧、地下室、学校等场景都可应用。

智能照明一般都嵌入了物联网通信模块，可以将智能照明连接至互联网。用户在任何时候都可以通过互联网控制智能照明，从而在任

图2-45 智能照明

何时候、任何地点都可以知晓家中智能照明的工作状况，包括灯光颜色、灯光亮度、照明耗电等。另外，用户还可以根据自身需求实现对智能照明的远程调节。如果家里安装了多处智能照明，用户还可以实现照明组网，以便根据屋内场景进行特殊灯光需求的控制。

四、智能汽车

智能汽车是一个集环境感知、规划决策、多等级辅助驾驶等功能于一体的综合系统（图2-46），它集中运用了计算机、现代传感、信息融合、通信、人工智能及自动控制等技术，是典型的高新技术综合体。

目前，对智能汽车的研究主要致力于提高汽车的安全性、舒适性，以及提供优良的人车交互界面。近年来，智能汽车已经成为世界汽车工程领域研究的热点和汽车工业增长的新动力，很多发达国家都将其纳入各自重点发展的智能交通系统当中。

所谓“智能汽车”，就是在普通汽车的基础上增加了先进的传感器（如雷达、摄像），控制器，执行器等装置，通过车载传感系统和信息终端实现与人、车、路等的智能信息交换，使汽车具备智能的环境感知能力，能够自动分析汽车行驶的安全及危险状态，并使汽车按照人的意愿到达目的地，最终实现替代人来操作的目的。

（一）智能汽车技术

智能汽车与一般所说的自动驾驶有所不同，它指的是利用多种传感器和智能公路技术实现的汽车自动驾驶，其内容包括以下方面：

图 2-46　智能汽车

（1）智能汽车有一套导航信息资料库，存有全国高速公路、普通公路、城市道路以及各种服务设施（餐饮店、旅馆、加油站、景点、停车场）的信息资料。

（2）完善的GPS定位系统，利用这个系统精确定位汽车所在的位置，与道路资料库中的数据相比较，确定之后的行驶方向。

（3）道路状况信息系统，由交通管理中心提供实时的前方道路状况信息，如堵车、事故等，必要时及时改变行驶路线。

（4）汽车防碰系统，包括探测雷达、信息处理系统、驾驶控制系统，用于控制与其他汽车间的距离，在探测到障碍物时及时减速或刹车，并把信息传给指挥中心和其他汽车。

（5）紧急报警系统，如果出了事故，能够自动报告指挥中心进行救援。

（6）无线通信系统，用于汽车与指挥中心的联络。

（7）自动驾驶系统，用于控制汽车的点火、改变速度和转向等。

通常对汽车的操作，实质上可视为对一个多输入、多输出、输入输出关系复杂多变、不确定多干扰源的复杂非线性系统的控制过程。驾驶员既要接受周边环境（如道路、拥挤、方向、行人等）的信息，还要感受汽车本身（如车速、侧向偏移、横摆角速度等）的信息，然后经过判断、分析和决策，与自己的驾驶经验相比较，确定出应该做的操纵动作，最后由身体、手、脚等来完成操纵汽车的动作。

因此在整个驾驶过程中，驾驶员的个人因素占据很大的比重。一旦出现驾驶员长时间驾车、疲劳驾车、判断失误的情况，很容易造成交通事故。

通过对汽车智能化技术的研究和开发，可以提高汽车的控制与驾驶水平，保障汽车行驶的安全、畅通、高效。随着对智能汽车控制系统的不断研究和完善，可以延伸扩展驾驶员的控制、视觉和感官功能，能极大地促进道路交通的安全性。

智能汽车的主要特点是以技术弥补人为因素的缺陷，使得即便在很复杂的道路情况下，也能自动地操纵和驾驶汽车绕开障碍物，沿着预定的道路轨迹行驶。

（二）智能汽车的基本结构

从具体和现实的情况来看，智能汽车较为成熟和可预期的系统（图2-47）主要包括智能驾驶系统、生活服务系统、安全防护系统、位置服务系统以及用车辅助系统等，各个参与企业也主要是围绕上述这些系统进行发展的。

其中，各个系统实际上又包括一些细分的系统或功能，如智能驾驶系统就是一个大的概念，也是一个最复杂的系统，它包括智能传感系统、辅助驾驶系统、智能计算机系统、智能公交系统等；生活服务系统包括影音娱乐、信息查询以及服务订阅等功能；而位置服务系统，除了要能提供准确的汽车定位功能以外，还要让汽车能与其他汽车实现自动位置互通，从而实现约定目标的行驶目的。

有了这些系统，相当于给汽车装上了“眼睛”“大脑”和“脚”。

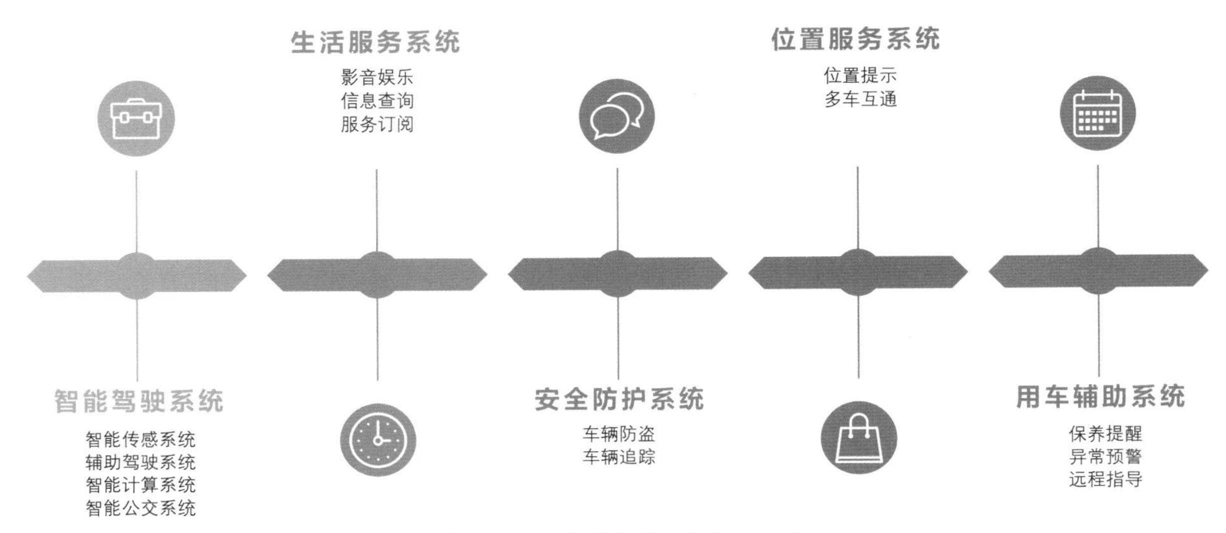

图 2-47　智能汽车系统结构示意图

（三）智能汽车的特点

1. 高科技

智能汽车是一种新型高科技汽车，这种汽车不需要人去驾驶，人只需舒服地坐在车上享受这高科技的成果就行了。因为这种汽车上装有分别相当于汽车的“眼睛”“大脑”和“脚”的电视摄像机、电子计算机和自动操纵系统之类的装置，而这些装置都装有非常复杂的计算机程序，所以这种汽车能和人一样会“思考”“判断”“行走”，可以自动启动、加速、刹车，可以自动绕过地面障碍物。在复杂多变的路况下，它的“大脑”能随机应变，自动选择最佳方案，指挥汽车正常、顺利地行驶。

智能汽车的“眼睛”是装在汽车右前方、上下相隔50厘米处的两台电视摄像机，摄像机内有一个发光装置，可同时发出一条光束，交汇于一定的距离，物体的图像只有在这个距离才能被摄取而重叠。“眼睛”能识别车前5～20米之间的台形平面和高度为10厘米以上的障碍物。如果前方有障碍物，“眼睛”就会向“大脑”发出信号，“大脑”

根据信号和当时当地的实际情况，判断是否通过、绕道、减速或紧急制动停车，并选择最佳方案，然后以电信号的方式，指令汽车的“脚”进行停车、后退或减速。智能汽车的“脚”就是控制汽车行驶的转向器、制动器。

2. 重要标志

无人驾驶的智能汽车将是新世纪汽车技术飞跃发展的重要标志。并且，智能汽车已从设想走向实践。随着科技的飞速发展，相信不久的将来智能汽车将得到普遍应用。

智能汽车实际上是智能汽车和智能公路组成的系统，主要是智能公路的条件还不具备，而智能汽车在技术上的问题已经可以解决。

在实现智能汽车的目标之前，实际上已经出现许多辅助驾驶系统广泛应用在汽车上，如智能雨刷，可以感应雨水及雨量自动开启和停止；自动前照灯，在光线不足时可以自动打开；智能空调，通过检测人皮肤的温度来控制空调风量和温度；智能悬架，也称主动悬架，可自动根据路面情况来控制悬架行程，减少颠簸；防打瞌睡系统，用监测驾驶员的眨眼情况，来确定其是否疲劳，必要时会自动停车报警等计算机技术的广泛应用，为智能汽车提供了广阔的前景。

（四）智能汽车的发展现状

1. IT巨头与汽车企业采用完全不同的技术路线

宝马曾表示：“我们比IT企业更了解汽车的参数，更能确保汽车行驶中的安全。你可以允许苹果手机死机，但决不能允许宝马车在半路‘死机’。”这或许反映了IT企业与汽车企业的不同思路。前者凭借强大的后台数据、网络技术、智能软件的支持，能够很好地实现汽车与云端的互联；而后者则更多地考虑车辆的实用性和安全性，他们“固守”汽车本身的优势。

2012年8月，谷歌宣布其研发的无人驾驶汽车（图2-48）已经在计算机的控制下安全行驶了30万英里。谷歌无人驾驶汽车系统依靠激光测距仪、视频摄像头、车载雷达、传感器等获得环境感知和识别能力，确保行驶路径遵循谷歌街景地图预先设定的路线（图2-49）。但其装置价格昂贵，难以大规模推广应用，其本质符合军用智能汽车的技术特点。

与IT企业不同，沃尔沃、奥迪、奔驰、宝马、丰田、日产、福特等汽车行业均选择了更具实用性的民用智能汽车技术路线。在技术装置方面，主要采用常规的雷达（厘米波、毫米波、超声波），相机（立体、彩色、红外），传感器（雷达、激光、超声波），摄像机等进行环

图 2-48　谷歌无人驾驶汽车

图 2-49　谷歌无人驾驶汽车系统

境感知和识别，通过基于车联网的协同式辅助驾驶技术进行智能信息交互，结合GPS导航实现路径规划，并且更加注重机电一体化系统动力学及控制技术的研发，成本低廉，便于大规模推广应用。

2. 世界汽车行业巨头正致力于“高度自动驾驶技术”的研发和产业化

智能汽车前两个层次的“辅助驾驶技术”和“半自动驾驶技术”已经得到广泛应用，并成为提升产品档次和市场竞争力的重要手段。

智能汽车第一层级的辅助驾驶技术包括自主式辅助驾驶技术和协同式辅助驾驶技术两种，通过警告让司机防患于未然。其中，包括前碰撞预警（FCW）、车道偏离预警（LDW）、车道保持系统（LKS）、自动泊车辅助（APA）等在内的自主式辅助驾驶技术已经得到广泛应用，处于普及推广阶段，并由豪华车下沉至B级车。汽车辅助驾驶技术成为获取E-NCAP四星和五星的必要条件。在美国、欧洲各国、日本等发达国家和地区，基于车联网V2I或V2V技术的协同式辅助驾驶技术正在进行实用性技术开发和大规模试验场测试。

而半自动驾驶技术在高端车上逐渐获得应用，如已经获得广泛应用的自适应巡航控制系统（ACC）。

世界汽车行业巨头正致力于第三个层次“高度自动驾驶技术”的实用化研发和产业化，并使其实现量产上市。沃尔沃将率先量产全球第一个高度自动驾驶技术——堵车辅助系统。该系统是自适应巡航控制和车道保持辅助系统的集成与延伸，它可以使汽车在车流行驶速度低于50公里/小时的情况下，自动跟随前方车辆行进。此外，奥迪、凯迪拉克、日产、丰田等都计划推出有诸如自动转向、加减速、车道引导、自动停车、自适应巡航控制等技术的汽车，它们大多属于第三层次的智能驾驶技术。

3.“全工况无人驾驶”前路漫漫

由于车联网V2X技术涵盖汽车、IT、交通、通信等多个行业，相关技术标准法规仍不健全，协同式辅助驾驶技术目前尚未得到大规模推广应用。谷歌推出的无人驾驶汽车也还离不开人的操控，只能按预定程序行进，在雾雪天气还会受到干扰，并且在加速、减速及转向时衔接不太好。

随着V2X技术最终实用性测试和无人驾驶实用化技术开发的进行，需要进一步建立和完善车联网V2X技术标准法规、无人驾驶技术标准法规，并据此逐步建设相应的通信、道路基础设施，构建起完整的智能化的人、车、路系统，为协同式辅助驾驶技术和无人驾驶技术的大规模推广应用奠定基础。

无人驾驶汽车要真正上路，还将面临法律和道德方面的困难。一方面，无人驾驶汽车与有人驾驶汽车发生交通事故时，其责任归属以及保险赔付等问题有待商议解决；另一方面，无人驾驶技术永远是将保护车辆和车内人员作为第一要务，这会涉及交通道德问题。

总之，全工况的无人驾驶技术仍处于研发阶段，最终的实用性测试和验证还需要很长时间。

（五）阶段层次

从发展的角度，智能汽车将经历两个阶段。第一阶段是智能汽车的初级阶段，即辅助驾驶；第二阶段是智能汽车发展的终极阶段，即完全由智能替代人的无人驾驶。这两个阶段也可以概括为以下五个层次（图2-50）。

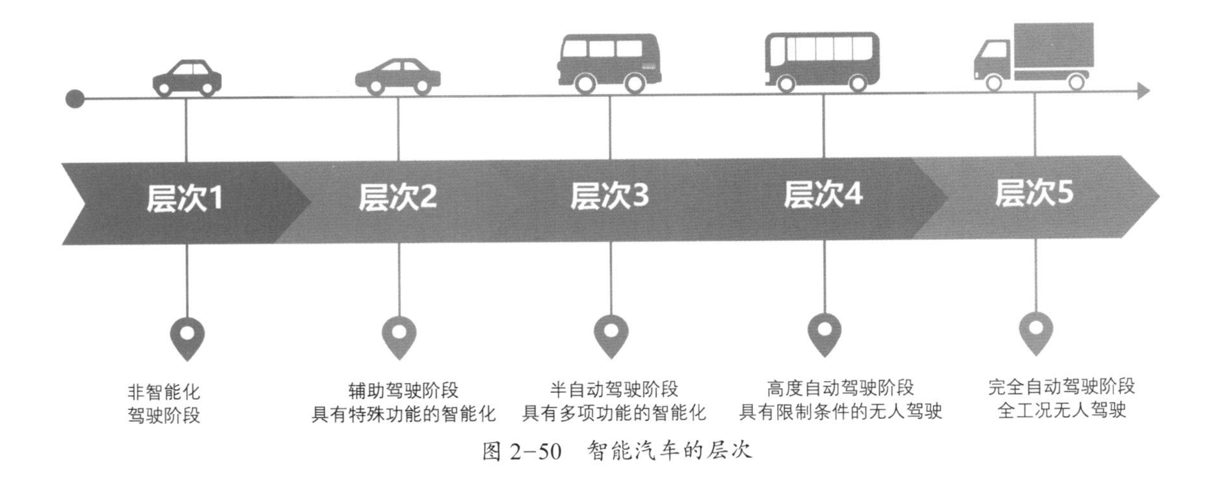

图2-50　智能汽车的层次

1.无智能化（层次1）

驾驶员时刻完全地控制汽车的原始底层结构，包括制动器、转向器、油门踏板以及起动机。

2.具有特殊功能的智能化（层次2）

该层次汽车具有一个或多个特殊自动控制功能，通过警告防范车祸于未然，可称为“辅助驾驶阶段”。这一阶段的许多技术并不陌生，如车道偏离警告系统（LDW）、正面碰撞警告系统（FCW）、盲点信息（BLIS）系统。

3.具有多项功能的智能化（层次3）

该层次汽车具有将至少两个原始控制功能融合在一起实现的系统，完全不需要驾驶员对这些系统进行控制，可称为“半自动驾驶阶段”。这个阶段的汽车会智能地判断驾驶员是否对警告的危险状况做出响应，如果没有，则会替驾驶员采取行动，如紧急自动刹车系统（AEB）、紧急车道辅助系统（ELA）。

4.具有限制条件的无人驾驶（层次4）

该层次汽车能够在某个特定的驾驶交通环境下让驾驶员完全不用控制汽车，而且汽车可以自动检测环境的变化以判断是否返回驾驶员驾驶模式，可称为“高度自动驾驶阶段”。谷歌无人驾驶汽车基本处于这个层次。

5.全工况无人驾驶（层次5）

该层次智能汽车完全自动控制车辆，全程检测交通环境，能够实现所有的驾驶目标。驾驶员只需提供目的地或者输入导航信息，在任何时候都不需要对汽车进行操控，可称为“完全自动驾驶阶段”或者“无人驾驶阶段”。

（六）未来预测

美国电气和电子工程师协会（IEEE）预测，21世纪中叶前，无人驾驶汽车将占据全球汽车保有量的75%，汽车交通系统概念将迎来变革，交通规则、基础设施都将随着无人驾驶汽车的出现而发生剧变，智能汽车可能颠覆当前的汽车交通运输产业运作模式。汽车行业著名咨询机构IHS发布预测报告称，“通过电脑系统实现无人驾驶的智能汽车，其发展速度正在赶超纯电动汽车。2025年左右将走进寻常百姓家，2035年销量将达到1180万辆，占同期全球汽车市场总销量的9%。”以往在科幻大片中才能见到的无人驾驶汽车，似乎离我们的现实生活越来越近了。

（七）商业模式

1.由汽车企业和汽车一级零部件供应商主导

与娱乐互动的创新不同，和汽车驾驶相关的数字化创新，如汽车安全信息展示、报警、巡航控制、泊车助理、夜视助理等，主要牵涉到汽车的核心性能，这些性能需要与发动机、变速箱等核心零部件相连接，需要很强的汽车产品相关经验。另外，这类创新部分与安全性紧密相关，且会直接牵涉到制造者的法律责任。因此，汽车企业和汽车一级零部件供应商倾向于保持对这类创新的主导地位。

2.汽车无人驾驶技术在短期内难以大规模推广应用

虽然谷歌的无人驾驶系统在不断取得进展，但可靠性和法律法规会成为这项技术的重要障碍。自动汽车驾驶系统的可靠性仍然需要较长时间的验证，如大规模应用时，如何保证软件系统不受病毒感染，从而避免造成重大的交通事故。

实际上，全球的法律系统都跟不上技术的发展步伐。例如，汽车在驾驶时必须完全处于驾驶员的控制之下。同时，如果这类汽车发生事故，责任如何鉴定？是驾驶员的责任，还是应该由汽车厂商、软件提供商负责？在相关法律问题得到解决之前，大规模的推广应用将难以实现。

3.汽车厂商仍将对车载应用软件保持谨慎的态度

车载的娱乐应用，如车载Twitter、微博、Facebook等的更新，由于可能会影响驾驶员的注意力集中而造成事故，汽车企业对此类应用将持谨慎态度。相关部门也发出指导建议，希望各汽车企业能够设置自动功能，当汽车处于运动状态时，自动停止社交媒体应用、短信、拨十位数字的电话等。各大企业也在加强声控软件的开发，这样将能保持驾驶者对路面的关注。因此可以预料，声控技术将能在智能汽车上有较广阔的应用空间。

4. IT和电子消费品企业将更加完善人机互动技术（HMI），并提升消费者对汽车内HMI的预期

未来，一些电子产品的常用技术，如语音识别、文字信息朗读、直接操作、手势变化、人眼动作识别和跟踪将被消费者青睐。又如，增强显示、抬头显示、三维显示和接近头盔显示器的解决方案也将被期望用到汽车显示上。

5. 汽车行业的娱乐互动类技术

智能汽车在数字化时代的另一个重大应用就是娱乐互动。由于IT电子类企业对消费者把握更加准确，同时由于智能电子产品数量规模庞大，能通过较大的规模分摊庞大的研发费用。

6. 消费者将不愿意为车内的数据信息和应用软件额外付费

未来，企业如果试图通过提供更多的信息和应用软件来收费，则比较困难。一方面，消费者认为通过智能手机等其他智能设备能得到相关信息和功能，而且费用要便宜很多；另一方面，消费者对各种应用的价值还并未完全认可，而且月费制使消费者可以随时停用，而不会受到任何惩戒。

7. 汽车娱乐信息系统的业务策略

未来仅豪华品牌能支持完全独立的娱乐互动系统（飞行驾驶舱模式），但通常客户体验不是非常好；采用独立第三方软硬件商业模式是各非豪华品牌的主要策略。

汽车企业的娱乐信息系统，共有以下三种业务策略：

第一种为飞行驾驶舱模式，也就是汽车企业完全是独立的研发，不依赖于第三方供应商，如宝马的iDrive、奥迪的MMI等。

第二种是共建平台模式，也就是汽车企业在系统平台上，依赖于其他软件供应商，如微软为福特提供的SYNC，为丰田提供的Entune技术。

第三种是常见的零散的产品功能植入，如常见的蓝牙技术、MP3应用等。

一般来说，豪华品牌乐于采用第一种模式，主要原因是与其他品牌形成差异化，拥有独一无二的技术特点。但问题是，这些豪华品牌提供的客户体验口碑并不是非常令人满意。例如，学会怎么用宝马的iDrive要花不少时间，驾驶员有时需要转移目光去看屏幕才能操作；奥迪的MMI也有类似问题，操作菜单太复杂。而福特、丰田和日产等企业则采用第二种模式，与专业公司合作。人机互动则相对较好，不

过声控识别效果还有待提升。

8.汽车企业将沿数字化的价值链上下游进一步延伸，不断创新商业模式和业务类型

宝马设立了iVentures公司，主要从事风险投资业务。投资的对象则是汽车移动解决方案方面的创业公司，往价值链的上游进一步延伸触角；通用汽车与以色列的Bezalel公司合作，关注如何为后排乘客，尤其是儿童的娱乐提供更多的解决方案；福特和Well Doc合作，推出E-Health Monitoring服务；丰田和Salesforce合作，针对丰田用户推出社交网络“Toyota Friend”，往价值链的下游迈出了新的一步。

有理由相信，各汽车企业拥有庞大的消费群体，汽车企业将会进一步挖掘这些客户的商业价值，新的商业模式将会层出不穷。而从技术角度来看，车辆网、手机与汽车云链接等创新应用也可期待。

（八）体系架构

通过车载传感系统，智能汽车本身具备主动的环境感知能力。此外，它也是智能交通系统（ITS）的核心组成部分，是车联网体系的一个节点，通过车载信息终端实现与人、车、路、互联网等之间的无线通信和信息交换。

因此，智能汽车集中运用了计算机、现代传感、信息融合、模式识别、通信及自动控制等技术，是一个集环境感知、规划决策、多等级驾驶辅助等于一体的高新技术综合体，拥有相互依存的价值链、技术链和产业链。

1.智能汽车的价值链

如果说车联网在汽车安全、节能、环保方面的价值是间接的、基础性的，那么智能汽车在提高行车安全、减轻驾驶员负担方面的核心价值则是直接的、显而易见的，并有助于节能和环保。

相关研究表明，在智能汽车的初级阶段，通过先进智能驾驶辅助技术有助于减少50%～80%的道路交通安全事故。在智能汽车的终极阶段，即无人驾驶阶段，甚至可以完全避免交通事故，把人从驾驶过程中解放出来，这也是智能汽车最吸引人的价值魅力所在。

2.智能汽车的技术链

智能汽车技术系统一般由传感器、控制器、执行器三大关键技术组成，其内容又包括以下方面：

（1）先进传感技术，包括利用机器视觉技术的检测，如激光测距系统、红外摄像技术，以及利用雷达（激光、厘米波、毫米波、超声波）检测前行车辆。

（2）通信技术（GPS、DSRC、4G或5G），包括数台智能汽车之间协调行驶必需的技术、车路协同通信技术，以及相应的车联网通信技术。

（3）横向控制，包括利用引导电缆、磁气标志列、机器视觉技术、具有雷达反射性标识带的横向控制。

（4）纵向控制，包括利用激光雷达、毫米波雷达、机器视觉技术测车间距离的纵向控制，以及利用车间通信及车间距离雷达的车队列行驶纵向控制。

3. 智能汽车的产业链

车联网、智能交通系统（ITS）为智能汽车提供了智能化的基础设施、道路及网络环境。随着汽车智能化层次的提高，反过来也要求车联网、智能交通系统同步发展。

智能汽车的产业链包括如下内容：

（1）车联网的产业链，包括上游的元器件和芯片生产企业，中游的汽车企业、设备企业和软件平台开发商，以及下游的系统集成商、通信服务商、平台运营商和内容提供商等。

（2）先进传感器企业。开发和供应先进的机器视觉技术，包括激光测距系统、红外摄像，以及雷达（厘米波、毫米波、超声波）等。

（3）汽车电子供应商。能够提供智能驾驶技术研发和集成供应的汽车电子供应商，如博世、德尔福、电装等。

五、智能机器人

智能机器人之所以叫智能机器人，这是因为它有相当发达的“大脑”。在“大脑”中起作用的是中央处理器，这种中央处理器跟操作它的人有直接的联系。最主要的是，这样的中央处理器可以进行按目的安排的动作。正因为这样，我们才说这种机器人才是真正的机器人，尽管它们的外表可能有所不同。

我们从广泛意义上理解所谓的智能机器人（图2-51），给人的最深刻印象是一个独特的进行自我控制的“活物”，但这个“活物”的主要“器官”并没有像真正的人那样微妙而复杂。

智能机器人具备形形色色的内部信息传感器和外部信息传感器，如“视觉”“听觉”“触觉”“嗅觉”。除具有感受器外，它还有效应器，作为“感知”周围环境的手段。还有就是“筋肉”，或称自整步电动机，它们能使“手”“脚”“长鼻子”“触角”等动起来。

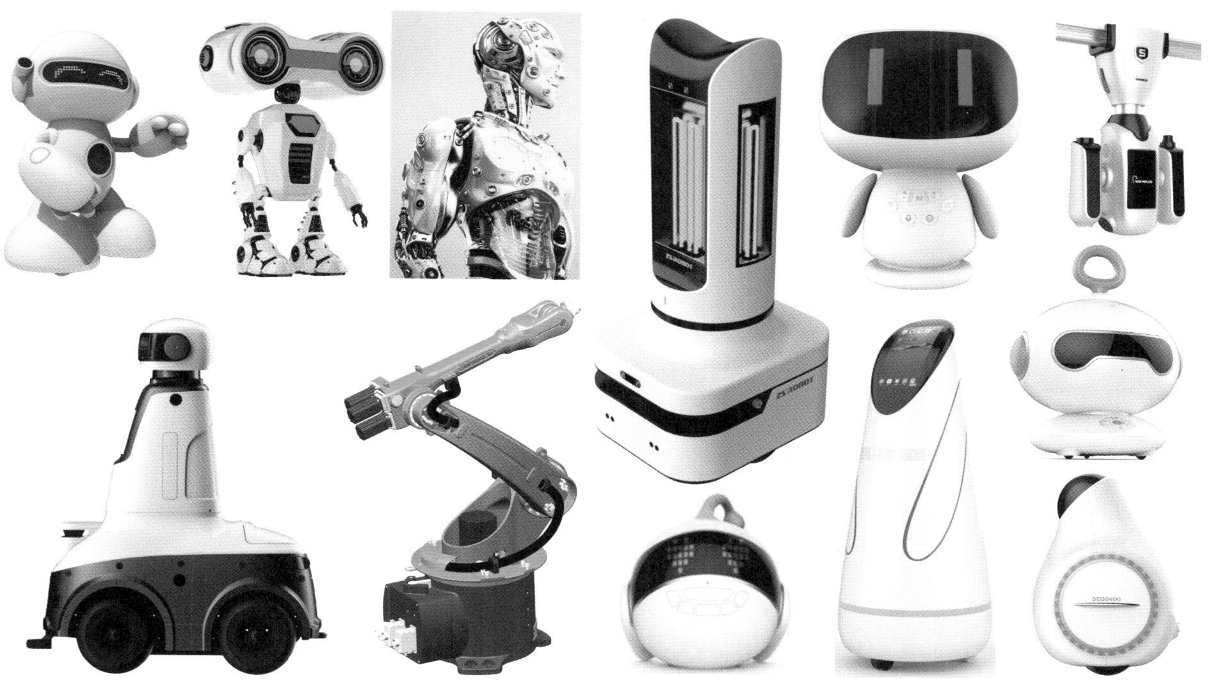

图 2-51　形形色色的智能机器人

我们称智能机器人为自控机器人，它是控制论产生的结果。控制论主张这样的事实：生命和非生命有目的的行为在很多方面是一致的。正像一个智能机器人制造者所说的，机器人是一种系统的功能描述，这种系统过去只能从生命细胞生长的结果中得到，但现在它们已经成了我们自己能够制造的东西了。

智能机器人能够理解人类语言，并用人类语言同操作者对话，在它自身的“意识”中单独形成了一种使它得以“生存”的外界环境——实际情况的详尽模式。它能分析出现的情况，能调整自己的动作以达到操作者所提出的全部要求，能拟定操作者所希望的动作，并在信息不充分的情况下和环境迅速变化的条件下完成这些动作。当然，要求它和人类的思维一模一样，这是不可能办到的。不过，仍然有人试图建立智能机器人能够理解的某种“微观世界”。

（一）必备要素

在世界范围内还没有一个统一的智能机器人定义，但大多数专家认为智能机器人至少要具备感觉要素、运动要素及思考要素这三个要素（图2-52）。

1.感觉要素

感觉要素是用来认识周围环境状态，包括能感知视觉、接近、距离等的非接触型传感器和能感知力、压觉、触觉等的接触型传感器。

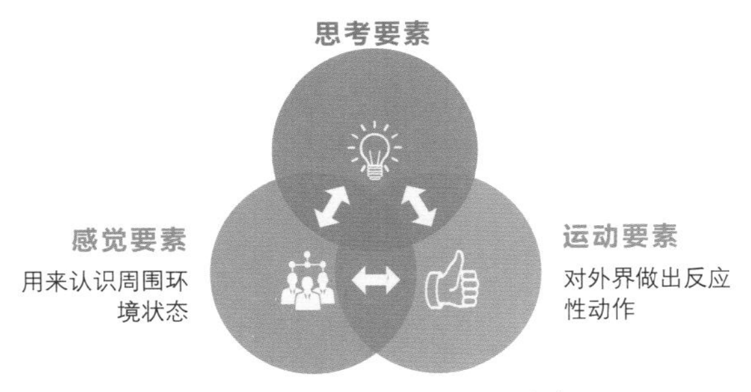

图 2-52　智能机器人三个要素

感觉要素实质上相当于人的眼、鼻、耳等五官，它们的功能可以利用诸如摄像机、图像传感器、超声波传感器、激光器、导电橡胶、压电元件、气动元件、行程开关等机电元器件来实现。

2. 运动要素

运动要素是对外界做出反应性动作，对运动要素来说，智能机器人需要有一个无轨道型的移动机构，以适应诸如平地、台阶、墙壁、楼梯、坡道等不同的地理环境。它们的功能可以借助轮子、履带、支脚、吸盘、气垫等移动机构来完成。在运动过程中要对移动机构进行实时控制，这种控制不仅要包括有位置控制，而且要有力度控制、位置与力度混合控制、伸缩率控制等。

3. 思考要素

根据感觉要素所得到的信息，思考出采用什么样的动作。智能机器人的思考要素是三个要素中的关键，也是人们要赋予机器人必备的要素。思考要素包括有判断、逻辑分析、理解等方面的智力活动。这些智力活动实质上是一个信息处理过程，而计算机则是完成这个处理过程的主要手段。

（二）功能分类

智能机器人根据其控制终端的不同，又可分为三种：

1. 传感型

传感型又称外部受控机器人，该类机器人本体没有智能单元，只有执行机构和感应机构，它具有利用传感信息（包括视觉、听觉、触觉、接近觉、力觉和红外线、超声波及激光等）进行传感信息处理，实现控制与操作的能力。其受控于外部计算机，因为在外部计算机上才具有智能处理单元。外部计算机才能处理由机器人采集的各种信息以及机器人本身的各种姿态和轨迹等信息，然后发出控制指令指挥机器人的动作。机器人世界杯的小型组比赛使用的机器人就属于这样的类型。

2.交互型

该类机器人通过计算机系统与操作员或程序员进行“人—机对话”，实现运行。虽然具有部分处理和决策功能，能够独立地实现一些诸如轨迹规划、简单的避障等功能，但是还要受到外部的控制。

3.自主型

自主型机器人在设计制作之后，无须人的干预，就能够在各种环境下自动完成各项拟人任务。自主型机器人本体具有感知、处理、决策、执行等模块，可以像一个自主的人一样独立地活动和处理问题。机器人世界杯的中型组比赛中使用的机器人就属于这一类型。

自主型机器人的最重要的特点在于它的自主性和适应性。自主性是指它可以在一定的环境中，不依赖任何外部控制，完全自主地执行一定的任务。适应性是指它可以实时识别和测量周围的物体，并根据环境的变化，调节自身的参数，调整动作策略以处理紧急情况。

另外，交互性也是自主机器人的一个重要特点，其可以与人、与外部环境以及与其他机器人之间进行信息的交流。由于自主型机器人涉及诸如驱动器控制、传感器数据融合、图像处理、模式识别、神经网络等许多方面的研究，所以能够综合反映一个国家在制造业和人工智能等方面的水平。因此，许多国家都非常重视自主型机器人的研究。

智能机器人的研究从20世纪60年代初开始，经过几十年的发展，基于感觉控制的智能机器人（又称第二代机器人）已达到实际应用阶段；基于知识控制的智能机器人（又称自主机器人或下一代机器人）也取得较大进展，已研制出多种样机。

（三）智能程度分类

1.工业机器人

它只能死板地按照人给它规定的程序工作，不管外界条件有何变化，自己都不能对程序也就是对所做的工作作相应的调整。如果要改变其所做的工作，必须由人对程序作相应的改变，因此它是毫无智能的（图2-53）。

2.初级智能机器人

和工业机器人不一样，初级智能机器人具有像人一样的感受、识别、推理和判断能力。可以根据外界条件的变化，在一定范围内自行修改程序，也就是它能适应外界条件变化对自己作相应调整。不过，修改程序的原则由人预先给以规定。这种初级智能机器人已拥有一定

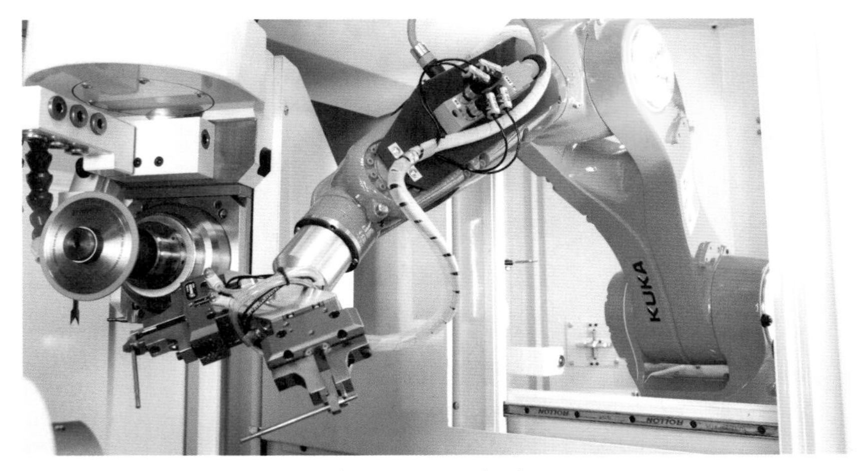

图 2-53　工业机器人

的智能，虽然还没有自动规划能力，但这种初级智能机器人也开始走向成熟，达到实用水平。

3. 家庭智能陪护机器人

家庭智能陪护机器人（图2-54）主要应用于养老院或社区服务站环境，具有生理信号检测、语音交互、远程医疗、智能聊天、自主避障漫游等功能。

该类机器人在养老院环境可实现自主导航避障功能，能够通过语音和触屏进行交互。配合相关检测设备，该类机器人具有血压、心跳、血氧等生理信号检测与监控功能，可无线连接社区网络并传输到社区医疗中心，紧急情况下可及时报警或通知医护人员和亲人。机器人具有智能聊天功能，可以辅助老人心理康复。该类机器人为人口老龄化

图 2-54　家庭智能陪护机器人

带来的重大社会问题提供一定的解决方案。

4. 高级智能机器人

高级智能机器人和初级智能机器人一样，具有感觉、识别、推理和判断能力，同样可以根据外界条件的变化，在一定范围内自行修改程序。有所不同的是，修改程序的原则不是由人规定的，而是机器人自己通过学习、总结经验来获得修改程序的原则，所以它的智能高出初级智能机器人。

这种机器人已拥有一定的自动规划能力，能够自己安排自己的工作。因为可以不要人的照料，完全独立地工作，故也称为高级自律机器人。这种机器人开始走向实用。

（四）关键技术

随着社会发展的需要和智能机器人应用领域的扩大，人们对智能机器人的要求也越来越高。智能机器人所处的环境往往是未知的、难以预测的，在研究这类机器人的过程中，主要涉及以下关键技术：

1. 多传感器信息融合

多传感器信息融合技术是近年来十分热门的研究课题，它与控制理论、信号处理、人工智能、概率和统计相结合，为智能机器人在各种复杂、动态、不确定和未知的环境中执行任务提供了一种技术解决途径。

传感器有很多种，根据不同用途分为内部测量传感器和外部测量传感器两大类。

内部测量传感器用来检测机器人组成部件的内部状态，包括角度传感器，位置传感器，速度传感器，加速度传感器，倾斜角传感器，方位角传感器等。

外部传感器包括视觉（测量、认识传感器），触觉（接触、压觉、滑动觉传感器），力觉（力、力矩传感器），接近觉（接近觉、距离传感器）以及角度传感器（倾斜、方向、姿势传感器）。

多传感器信息融合就是指综合来自多个传感器的感知数据，以产生更可靠、更准确或更全面的信息。经过融合的多传感器系统能够更加完善、精确地反映检测对象的特性，消除信息的不确定性，提高信息的可靠性。

融合后的多传感器信息具有冗余性、互补性、实时性和低成本性等特性。多传感器信息融合方法主要有贝叶斯估计、Dempster-Shafer理论、卡尔曼滤波、神经网络、小波变换等。

多传感器信息融合技术是一个十分活跃的研究领域，主要研究方向包括以下方面：

（1）多层次传感器融合。由于单个传感器具有不确定性、易观测失误和不完整性的弱点，因此单层数据融合限制了系统的能力和鲁棒性。对于要求高鲁棒性和灵活性的先进系统，可以采用多层次传感器融合的方法。低层次融合方法可以融合多传感器数据；中间层次融合方法可以融合数据和特征，得到融合的特征或决策；高层次融合方法可以融合特征和决策，得到最终的决策。

（2）微小型传感器和智能传感器。传感器的性能、价格和可靠性是衡量传感器优劣与否的重要标志，然而许多性能优良的传感器由于体积大而限制了应用市场。微电子技术的迅速发展，使小型和微型传感器的制造成为可能。智能传感器将主处理、硬件和软件集成在一起，如Par Scientific公司研制的1000系列数字式石英智能传感器，日本日立研究所研制的可以识别4种气体的嗅觉传感器，美国Honeywell研制的DSTJ23000智能压差压力传感器等，都具备了一定的智能。

（3）自适应多传感器融合。在实际世界中，很难得到环境的精确信息，也无法确保传感器能够始终正常工作。因此，对于各种不确定情况，鲁棒融合算法十分必要。现已研究出一些自适应多传感器融合算法，来处理由于传感器的不完善带来的不确定性。如一种可以在轻微环境噪声下应用的自适应目标跟踪模糊系统，在处理过程中就结合了卡尔曼滤波算法。

2.导航与定位

（1）导航任务。在智能机器人系统中，自主导航是一项核心技术，是智能机器人研究领域的重点和难点问题。导航的基本任务有以下三点：

①基于环境理解的全局定位：通过环境中景物的理解，识别人为设置的路标或具体的实物，以完成对智能机器人的定位，为路径规划提供素材。

②目标识别和障碍物检测：实时对障碍物或特定目标进行检测和识别，提高控制系统的稳定性。

③安全保护：能对智能机器人工作环境中出现的障碍和移动物体作出分析并避免对智能机器人造成损伤。

（2）导航方式。智能机器人有多种导航方式，根据环境信息的完整程度、导航指示信号类型等因素的不同，可以分为基于地图的导航、基于创建地图的导航和无地图的导航三类。

①基于地图的导航：完全依靠在移动机器人内部预先保存好的关

于环境的几何模型、拓扑地图等比较完整的信息，在事先规划出的全局路线基础上，应用路径跟踪和避障技术来实现的。

②基于创建地图的导航：利用各种传感器来创建关于当前环境的几何模型或拓扑模型地图，然后利用这些模型来实现导航。

③无地图的导航：在环境信息完全未知的情况下，可通过摄像机或其他传感器对周围环境进行探测，利用对探测的物体进行识别或跟踪来实现导航。

（3）导航系统。根据导航采用的硬件的不同，可将导航系统分为视觉导航和非视觉传感器组合导航。视觉导航是利用摄像头进行环境探测和辨识，以获取场景中绝大部分信息。视觉导航信息处理的内容主要包括视觉信息的压缩和滤波、路面检测和障碍物检测、环境特定标志的识别、三维信息感知与处理。非视觉传感器导航是指采用多种传感器共同工作，如探针式传感器、电容式传感器、电感式传感器、力学传感器、雷达传感器、光电传感器等。非视觉传感器导航可以用来探测环境，对智能机器人的位置、姿态、速度和系统内部状态等进行监控，感知智能机器人所处工作环境的静态和动态信息，使智能机器人相应的工作顺序和操作内容能自然地适应工作环境的变化，有效地获取内外部信息。

（4）定位。在智能机器人的导航中，无论是局部实时避障还是全局规划，都需要精确感知智能机器人或障碍物的当前状态及位置，以完成导航、避障及路径规划等任务，这就是智能机器人的定位问题。比较成熟的定位系统可分为被动式传感器系统和主动式传感器系统。

①被动式传感器系统，是通过码盘、加速度传感器、陀螺仪、多普勒速度传感器等感知智能机器人自身运动状态，经过累积计算得到定位信息。

②主动式传感器系统，通过包括超声传感器、红外传感器、激光测距仪以及视频摄像机等主动式传感器，感知智能机器人外部环境或人为设置的路标，与系统预先设定的模型进行匹配，从而得到当前智能机器人与环境或路标的相对位置，获得定位信息。

3. 路径规划

路径规划技术是智能机器人研究领域的一个重要分支。最优路径规划就是依据某个或某些优化准则（如工作代价最小、行走路线最短、行走时间最短等），在智能机器人工作空间中找到一条从起始状态到目标状态可以避开障碍物的最优路径。

路径规划方法大致可以分为传统和智能两种。

（1）传统路径规划方法。传统路径规划方法主要有自由空间法、图搜索法、栅格解耦法、人工势场法五种。大部分机器人路径规划中的全局规划都是基于上述几种方法进行，但这些方法在路径搜索效率及路径优化方面有待于进一步改善。人工势场法是传统算法中较成熟且高效的规划方法，它通过环境势场模型进行路径规划，但是没有考察路径是否最优。

（2）智能路径规划方法。智能路径规划方法是将遗传算法、模糊逻辑以及神经网络等人工智能方法应用到路径规划中，来提高智能机器人路径规划的避障精度，加快规划速度，满足实际应用的需要。其中应用较多的算法主要有模糊方法、神经网络、遗传算法、Q学习及混合算法等，这些方法在障碍物环境已知或未知情况下均已取得一定的研究成果。

4. 机器人视觉

视觉系统是智能机器人的重要组成部分，一般由摄像机、图像采集卡和计算机组成。智能机器人视觉系统的工作，包括图像的获取、图像的处理和分析、图像的输出和显示，核心任务是特征提取、图像分割和图像辨识。而如何精确高效地处理视觉信息是视觉系统的关键问题。

视觉信息处理逐步细化，包括视觉信息的压缩和滤波、环境和障碍物检测、特定环境标志的识别、三维信息感知与处理等。其中环境和障碍物检测是视觉信息处理中最重要、也是最困难的过程。

边沿抽取是视觉信息处理中常用的一种方法。对于一般的图像边沿抽取，如采用局部数据的梯度法和二阶微分法等，对于需要在运动中处理图像的智能机器人而言，难以满足实时性的要求。为此，人们提出一种基于计算智能的图像边沿抽取方法，如基于神经网络的方法、利用模糊推理规则的方法，特别是 Bezdek J.C 教授全面论述的利用模糊逻辑推理进行图像边沿抽取的意义。

这种方法具体到视觉导航，就是将智能机器人在室外运动时所需要的道路知识，如公路白线和道路边沿信息等，集成到模糊规则库中来提高道路识别效率和鲁棒性。还有人提出将遗传算法与模糊逻辑相结合。

智能机器人视觉是其智能化最重要的标志之一，对其智能及控制都具有非常重要的意义。国内外都在大力研究，并且已经有一些系统投入使用。

5. 智能控制

随着智能机器人技术的发展，对于无法精确解析建模的物理对象以及信息不足的病态过程，传统控制理论暴露出了缺点，近年来许多学者提出了各种不同的智能机器人控制系统。智能机器人的控制方法有模糊控制、神经网络控制、智能控制技术的融合（模糊控制和变结构控制的融合，神经网络和变结构控制的融合，模糊控制和神经网络控制的融合，智能融合技术还包括基于遗传算法的模糊控制方法）等。

智能机器人控制在理论和应用方面都有较大的进展。在模糊控制方面，J.J.Buckley等人论证了模糊系统的逼近特性，E.H.Mamdan首次将模糊理论用于一台实际智能机器人。模糊系统在智能机器人的建模、控制、对柔性臂的控制、模糊补偿控制以及智能机器人路径规划等各个领域都得到了广泛的应用。

在智能机器人神经网络控制方面，CMCA（Cere-bella Model Controller Articulation）是应用较早的一种控制方法，其最大的特点是实时性强，尤其适用于多自由度操作臂的控制。

智能控制方法提高了智能机器人的速度及精度，但是也有其自身的局限性。例如，智能机器人模糊控制中的规则库如果很庞大，推理过程的时间就会过长；如果规则库很简单，控制的精确性又会受到限制；无论是模糊控制还是变结构控制，抖振现象都会存在，这将给控制带来严重的影响；神经网络的隐层数量和隐层内神经元数的合理确定，仍是神经网络在控制方面所遇到的问题；另外，神经网络易陷于局部极小值等。这些都是智能控制设计中要解决的问题。

6. 人机接口

智能机器人的研究目标并不是完全取代人。复杂的智能机器人仅依靠计算机来控制是有一定困难的，即使可以做到，也由于缺乏对环境的适应能力而并不实用。智能机器人系统还不能完全排斥人的作用，而是需要借助人机协调来实现系统控制。因此，设计良好的人机接口就成为智能机器人研究的重点问题之一。

人机接口技术是研究如何使人方便、自然地与计算机交流的技术。为了实现这一目标，除了最基本的要求智能机器人控制器有一个友好的、灵活方便的人机界面之外，还要求智能机器人能够看懂文字、听懂语言、说话表达，甚至能够进行不同语言之间的翻译，而这些功能的实现又依赖于知识表示方法的研究。

因此，研究人机接口技术既有巨大的应用价值，又有基础理论意义。人机接口技术已经取得了显著成果，文字识别、语音合成与识别、图像识别与处理、机器翻译等技术已经开始实用化。另外，人机接口装置和交互技术、监控技术、远程操作技术、通信技术等也是人机接口技术的重要组成部分。其中，远程操作技术是一个重要的研究方向。

（五）发展方向

尽管智能机器人取得了显著的成绩，但是控制论专家认为它可以具备的智能水平的极限并未达到。问题不仅在于计算机的运算速度不够和感觉传感器种类少，还在于其他方面，如缺乏编制机器人理智行为程序的设计思想。

目前连人在解决最普通的问题时的思维过程都没有被破译，又怎能掌握让计算机“思维”速度更快的规律呢？因此，认识人类自己这个问题，成为机器人发展道路上的绊脚石。

近年来，制造“生活”在具有不确定性环境中的智能机器人这一课题，使人们对发生在生物系统、动物和人类大脑中的认识和自我认识过程进行了深刻研究。结果就出现了等级自适应系统说，这种学说正在有效地发展着。

作为组织智能机器人进行符合目的的行为的理论基础，大脑是怎样控制人的身体呢？纯粹从机械学观点来粗略估算，人的身体也具有两百多个自由度。当人在进行写字、走路、跑步、游泳、弹钢琴这些复杂动作的时候，大脑究竟是怎样对每一块肌肉发号施令的呢？大脑怎么能在最短的时间内处理完这么多的信息呢？实际上，大脑根本没有参与这些活动。大脑——人的中心信息处理机“不屑于”去管这个。它根本不去监督身体的各个运动部位，动作的详细设计是在比大脑皮层低得多的水平上进行。这很像用高级语言进行程序设计一样，只要指出“间隔为1的从1～20的一组数字”，机器人自己会将这组指令输入详细规定的操作系统。最明显的就是，“一接触到热的物体就把手缩回来”这类最明显的指令甚至在大脑还没有意识到的时候就已经发出了。

把一个大任务在几个皮层之间进行分配，这比控制器官给构成系统的每个要素规定必要动作的严格集中的分配更合算、经济、有效。在解决重大问题的时候，这样集中化的大脑就会显得过于复杂，不仅脑颅，甚至连人的整个身体都容纳不下。

在完成这样或那样的一些复杂动作时，人通常将其分解成一系列的普遍的小动作（如起来、坐下、迈右脚、迈左脚），教给小孩各种各样的动作可归结为在小孩的“存储器”中形成并巩固相应的小动作。

同样的道理，知觉过程也是如此组织起来。感性形象——这是听觉、视觉或触觉脉冲的固定序列或组合，或者是序列和组合二者兼而有之。学习能力是复杂生物系统中组织控制的另一个普遍原则，是对先前并不知道、在相当广泛范围内发生变化的生活环境的适应能力。

这种适应能力不仅是整个机体所固有的，而且是机体的单个器官、甚至功能所固有的，这种能力在同一个问题应该解决多次的情况下是不可替代的。可见，适应能力这种现象，在整个生物界的合乎目的的行为中起着极其重要的作用。

控制智能机器人的问题在于使其模拟动物运动和人的适应能力。建立智能机器人控制的等级——首先是在智能机器人的各个等级水平上和子系统之间实行知觉功能、信息处理功能和控制功能的分配。第三代智能机器人具有大规模处理信息的能力，在这种情况下，信息的处理和控制的完全统一算法，实际上是低效的，甚至是不中用的。

所以，等级自适应结构的出现首先是为了提高智能机器人控制的质量，也就是降低不定性水平，增加动作的快速性。为了发挥各个等级和子系统的作用，必须使信息量大大减少。因此，算法的各司其职使智能机器人可以在不定性大大减少的情况下来完成任务。

总之，发达的智能是第三代智能机器人的一个重要特征。人们根据智能机器人的智力水平决定其所属的智能机器人类别。有的人甚至依此将机器人分为以下几类：

受控机器人——“零代”机器人，不具备任何智力性能，是由人来掌握操纵的机械手。

可以训练的机器人——第一代机器人，拥有存储器，由人操作，动作的计划和程序由人指定，它只是记住（接受训练的能力）和再现出来。

感觉机器人——机器人记住人安排的计划后，再依据外界这样或那样的数据（反馈）算出动作的具体程序。

智能机器人——人指定目标后，机器人独自编制操作计划，依据实际情况确定动作程序，然后把动作变为操作机构的运动。因此，它有广泛的感觉系统、智能、模拟装置。

智能机器人作为一种包含众多学科知识的技术，几乎是伴随人工智能所产生的。而智能机器人在当今社会变得越来越重要，越来越多的领域和岗位都需要智能机器人参与，这使关于智能机器人的研究也越来越频繁。虽然仍很难在生活中经常见到智能机器人的影子，但在不久的将来，随着智能机器人技术的不断发展和成熟，随着众多科研人员的不懈努力，智能机器人必将走进千家万户，更好地服务人们的生活，让人们的生活更加舒适和健康。

思考与练习

1. 如果按照行业进行分类，产品设计包括哪些类别？针对每个类别，举例说明该类别的特点，并列举出若干个信息产品。

2. 智能手机的操作系统有哪些？

3. 智能可穿戴设备的应用领域有哪些？列举典型的智能可穿戴产品。

4. 智能家居的定义是什么？选择并分析一个应用案例。

5. 智能汽车的系统主要包括哪几大类？简述各系统的子功能及其应用。

6. 如果按照智能程度分类，智能机器人可以分为哪些种类和级别？

第三章
智能信息产品的技术支持

人体就是一个非常精妙的“信息产品”。

人体感官是感受外界事物刺激的器官，包括眼、耳、鼻、舌、身等。眼睛是视觉，耳朵是听觉，鼻子是嗅觉，舌头是味觉，身体各个部位是触觉。人体的五大感官为人的生活提供了很多便利，除了这五大感官外，还有另外的感觉系统在发挥着作用，如保持身体的平衡、饥饿的感觉等，有约20种感觉系统。

当人体在碰到某种外部信息的刺激时，相应的感官会迅速感知并精准识别，再传输给大脑。大脑是一切感官的中枢，它会结合环境、经验等因素即时处理、运算传来的信息，如同经过层层过滤网，进行信息的删减、扭曲和归纳。

随后，大脑发出运动或语言的指令，再由该神经元发出冲动，支配躯干和四肢的肌肉产生运动效应或产生语言的表达。

例如，某人在商场嘈杂的声音中听到了一个熟悉的声音，他回头认出了许久不见的老朋友，并上前握手寒暄。这一完整的过程中，首先要听觉感受并识别出老朋友的声音，继而刺激大脑处理这一信息并联想到某位老朋友，进而产生想要证实这一想法的冲动，并发出转头的动作。转头之后，视觉感受并认出老朋友的长相，再由大脑的信息处理并发出指令，控制腿部走上前，控制上肢抬起并做出握手动作，控制口舌发出问候语。

通过上述释义和描述，我们可以将人体这一“信息产品”的工作模式和技术原理分为信息感知、信息处理和信息输出三个步骤。

其实，现代信息产品的功能实现过程和人体的反应过程原理是相同的。信息产品设计也应当遵循这一设计过程和原则。

一条完整的信息感知、信息处理和信息输出的链路，实际上是一个有效信息系统的概念。系统通过边界与周围环境相分离，而成为一种特定的集合，又通过输入信息和输出信息与周围环境相联系。在输入信息与输出信息之间有一个转换的过程，系统的作用就在于此。因此，一个系统不是孤立存在的，它总要与周围的其他事物发生关系，使物质、能量或信息有序地在系统中流动、转换，系统接受环境的影响（输入），同时又对环境加以影响（输出）。信息产品作为物质载体，它在前端感知和识别输入这个系统的信息，经由信息产品内部的功能结构部件进行运算处理，再控制后端的执行结构完成信息的输出。而且，也只有触发完整信息链路反映出来的信息才能称为有效信息。

第一节
信息感知

信息感知是指对客观事物的信息直接进行获取并认知和理解的过程。人类对事物的信息需求主要是对事物的识别与辨别、定位其状态和环境变化的动态信息。感知信息的获取需要技术的支撑，人们对于信息获取的需求促使其不断研发新的技术，目前主要应用于社会实践活动中的有识别技术、定位技术和传感技术等。

一、识别技术

生活在现代社会的人类新增了许多过去没有的烦恼，经常会忘记的密码就是其中之一。到银行存取款需要密码，信用卡购物需要密码，ATM自动取款机存取款也需要密码，相信几乎每个人的日常生活中都要用到形形色色的密码。如果都采用同一个密码或采用生日等具有特殊意义的数字，虽然容易记忆，但显然安全性会变差；如果采用不同的或无规律数字的密码，虽然安全性好可是容易忘记。这让人们如何是好呢？自动识别技术这时候就可以发挥作用，例如，指纹识别技术和虹膜识别技术都可以解决上述问题，这些过去科幻电影中经常出现的情节如今已经逐渐步入普通人的日常生活。

指纹识别技术（图3-1）可以在用户忘记密码甚至没有携带银行卡的情况下发挥作用，只要指纹识别后符合要求，用户就可以从银行的账户中取出钱币。有研究表明，目前世界上还没有发现指纹完全相同的两个人。虹膜识别技术（图3-2）是基于眼睛中的虹膜进行身份识别的技术。虹膜属于眼球中层，位于血管膜的最前端，在睫状体前方，有自动调节瞳孔的作用。有研究表明，人类的虹膜与指纹一样，也是独一无二的。

图3-1　指纹识别技术

识别技术，也称为自动识别技术，是通过感知目标外在特征信息，进而证实和判断目标本质的技术。识别技术通过被识别物体与识别装置之间的交互，自动获取被识别物体的相关信息，并提供给计算机系统作进一步处理。

识别技术覆盖的范畴相当广泛，大致可以分为语音识别、图像识别、光学字符识别、生物识别以及射频识别技术。

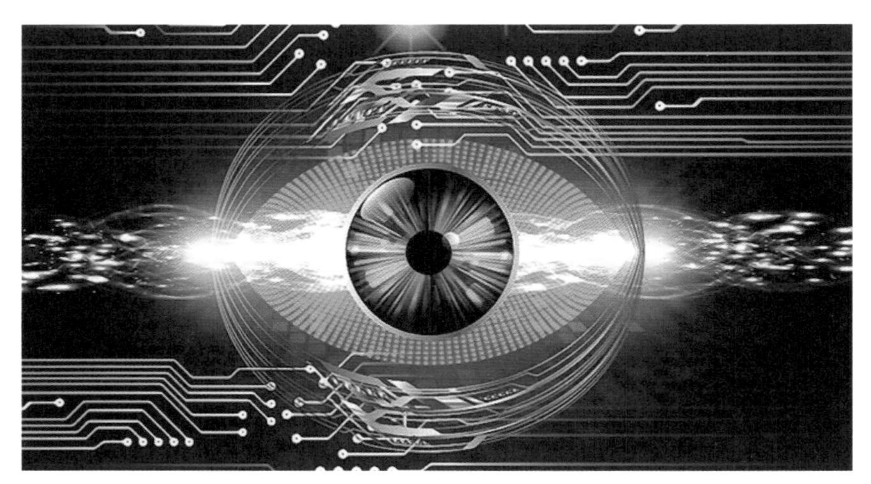

图 3-2　虹膜识别技术

（一）语音识别技术

语音识别技术是一门研究如何将人类的语音自动转换为计算机能够识别的字符的技术（图3-3）。20世纪50年代，语音识别的研究工作开始；20世纪60年代，动态规划和线性预测技术引入语音识别；20世纪80年代，隐马尔科夫模型在语音识别中得到了成功的应用；20世纪90年代以来，语音识别技术在产品化方面取得了长足的进步。

（二）图像识别技术

图像识别技术（图3-4），也称为视觉识别技术，是指利用计算机对图像进行处理和分析，辨识物体的类别并做出有意义的判断的技术。图像识别的技术一般包括预处理、分析和识别三部分组成。预处理包括图像分割、图像增强、图像还原、图像重建和图像细化等诸多内容，分析主要指从预处理得到的图像中提取特征，最后分类器根据提取的特征对图像进行匹配分类，并作出识别。

（三）光学字符识别技术

光学字符识别技术（图3-5），是指计算机将文字的图像文件进行

图 3-3　语音识别技术

图 3-4　图像识别技术

图 3-5　光学字符识别技术

分析处理，并最终获得对应文本文件的技术。这是伴随扫描仪技术衍生的一项自动识别技术，可以看作是一种特殊的图像识别技术。光学字符识别技术的关键在于识别方法，例如，统计特征字符识别方法、结构字符识别方法、神经网络识别方法等。

（四）生物识别技术

生物识别技术是指利用计算机通过采集分析人体的生物特征样本来确定人的身份的技术（图3-6）。生物识别涵盖的范围非常广泛，可以大体分为生理特征和行为特征两大类。其中生理特征包括指纹、静脉、手型、虹膜、视网膜、声音、人脸、耳廓、DNA、体味等，而行为特征包括签名、走路姿态、击键节奏等。指纹、人脸、DNA 等生物

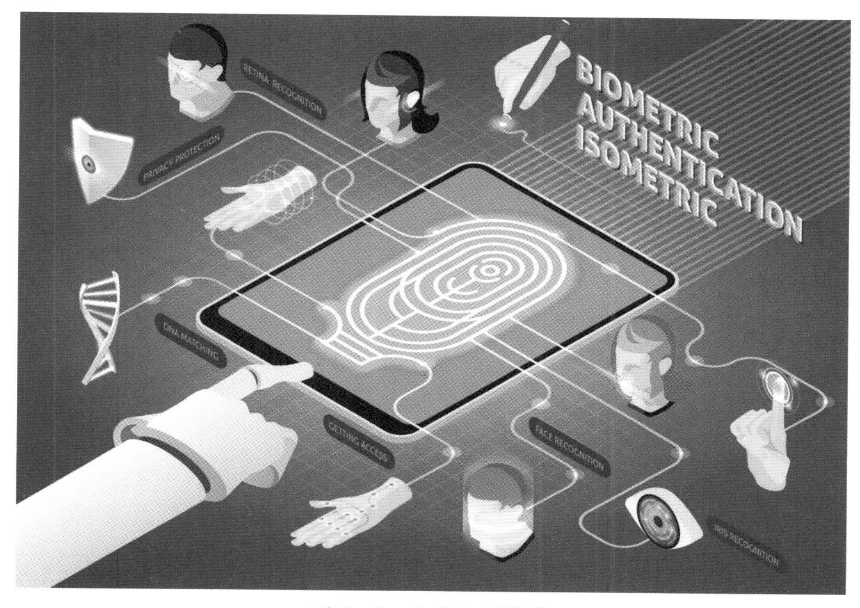

图 3-6　生物识别技术

识别技术在刑侦和安全等领域已经得到了越来越多的应用，随着技术的进一步成熟，目前在金融支付等领域也逐渐有了指纹识别等生物识别技术的应用实例。

由于人体特征具有不可复制的特性，这一技术的安全系数较传统意义上的身份验证机制有很大的提高。然而，技术的成本和复杂性一度限制了这种技术的应用，随着技术的发展，成本持续下降，而随着性能不断提高，生物识别技术在其他领域的应用也将逐渐扩大，它在不断增长的信息世界中的地位也会越来越重要。

（五）射频识别技术

与物联网关系最为密切的识别技术是射频识别技术（图3-7），以及与之相关的条形码、磁卡、IC卡等识别技术。

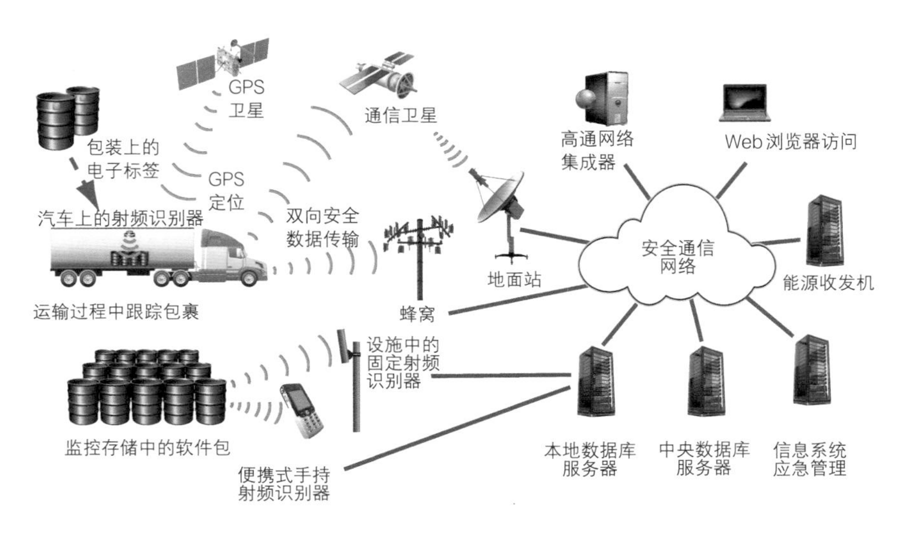

图3-7　射频识别技术

无线射频识别即射频识别技术，是自动识别技术的一种，其通过无线射频方式进行非接触双向数据通信，利用无线射频方式对记录媒体（电子标签或射频卡）进行读写，从而达到识别目标和数据交换的目的，其被认为是21世纪最具发展潜力的信息技术之一。

射频识别技术工作原理是通过无线电波不接触快速信息交换和存储技术，通过无线通信结合数据访问技术连接数据库系统，加以实现非接触式的双向通信，从而达到识别目标和数据交换，这串联起一个极其复杂的系统（图3-8）。在识别过程中，通过电磁波实现电子标签的读写与通信。根据通信距离，可分为近场和远场，为此，读写设备和电子标签之间的数据交换方式也对应地被分为负载调制和反向散射调制。

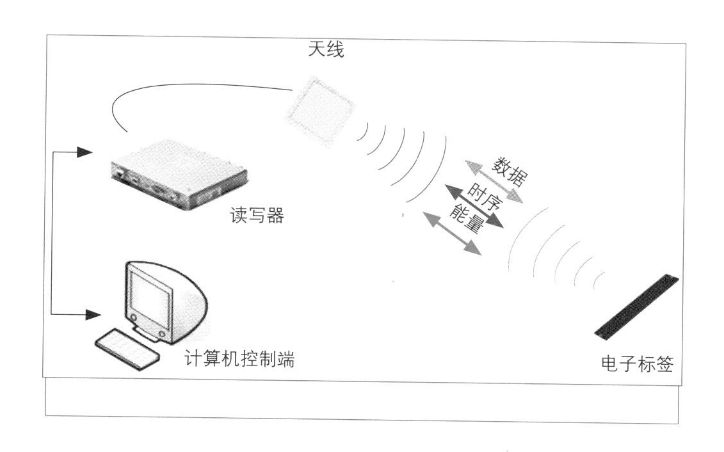

1.射频识别技术的分类

射频识别技术依据电子标签的供电方式可分为三类，即无源射频识别技术、有源射频识别技术与半有源射频识别技术。

（1）无源射频识别技术。无源射频识别技术在三类中出现时间最早、最成熟，其应用也最为广泛。在无源射频识别技术中，电子标签通过接受射频识别阅读器传输来的微波信号，通过电磁感应线圈获取能量来对自身短暂供电，从而完成此次信息交换。因为省去了供电系统，所以无源射频识别技术产品的体积可以达到厘米量级甚至更小，而且自身结构简单，成本低，故障率低，使用寿命较长。但作为代价，无源射频识别技术产品的有效识别距离通常较短，一般用于近距离的接触式识别。

无源射频识别技术主要工作在较低频段125kHz、13.56kHz等，其典型应用包括公交卡、二代身份证、食堂餐卡等。

（2）有源射频识别技术。有源射频识别技术兴起的时间不长，但已在各个领域尤其是在高速公路电子不停车收费系统（ETC）中发挥着不可或缺的作用。有源射频识别技术通过外接电源供电，主动向射频识别阅读器发送信号。其体积相对较大，但也因此拥有较长的传输距离与较高的传输速度。一个典型的有源射频识别技术的电子标签能在百米之外与射频识别阅读器建立联系，读取率可达1700read/sec。

有源射频识别技术主要工作在900MHz、2.45GHz、5.8GHz等较高频段，且具有可以同时识别多个电子标签的功能。有源射频识别技术的远距性、高效性，使它在一些需要高性能、大范围的射频识别应用场合里必不可少。

（3）半有源射频识别技术。无源射频识别技术自身不供电，但有效识别距离太短，有源射频识别技术识别距离足够长，但需外接电源，体积较大，而半有源射频识别技术就是为这一矛盾而妥协的产物。半有源射频识别技术又叫低频激活触发技术。在通常情况下，半有源射频识别技术产品处于休眠状态，仅对电子标签中保持数据的部分进行供电，因此耗电量较小，可维持较长时间。当电子标签进入射频识别阅读器识别范围后，阅读器先以125kHz低频信号在小范围内精确激活电子标签使之进入工作状态，再通过2.4GHz微波与其进行信息传递。也就是说，先利用低频信号精确定位，再利用高频信号快速传输数据。其通常应用场景为：在一个高频信号所能覆盖的大范围中，在不同位置安置多个低频阅读器用于激活半有源射频识别技术产品。这样既完成了定位，又实现了信息的采集与传递。

2.射频识别技术的应用领域

（1）物流仓储领域。物流仓储领域是射频识别技术最有潜力的应用领域之一，UPS、DHL、Fedex等国际物流行业巨头都在积极实验射频识别技术，以期提升其物流能力在将来大规模应用。可应用的领域包括物流过程中的货物追踪、信息自动采集、仓储管理应用、港口、邮政包裹、快递等。

（2）交通运输领域。射频识别技术出租车管理、公交车枢纽管理、铁路机车识别等领域，已有不少较为成功的案例。

（3）身份识别领域。射频识别技术由于具有快速读取与难伪造性，所以被广泛应用于个人的身份识别证件中。如电子护照、中国的第二代身份证、学生证等其他各种电子证件。

（4）防伪领域。射频识别技术具有很难伪造的特性，但是如何应用于防伪还需要政府和企业的积极推广。可以应用的领域包括贵重物品（烟、酒、药品）的防伪和票证的防伪等。

（5）资产管理领域。可应用于各类资产的管理，包括贵重物品、数量大且相似性高的物品或危险品等。随着标签价格的降低，射频识别技术几乎可以管理所有的物品。

（6）食品领域。可应用于水果、蔬菜、生鲜等食品领域管理，该领域的应用需要在标签的设计及应用模式上有所创新。

（7）信息统计领域。射频识别技术的运用，信息统计就变成了一件既简单又快速的工作。例如，由档案信息化管理平台的查询软件传出统计清查信号，射频识别阅读器迅速读取馆藏档案的数据信息和相关储位信息，并能返回所获取的信息和中心信息库内的信息进行智能校对。如针对无法匹配的档案，由管理者用射频识别阅读器展开现场核实，调整系统信息和现场信息，进而完成信息统计工作。

（8）查阅应用领域。在查询档案信息时，档案管理者借助查询管理平台找出档号，系统按照档号在中心信息库内读取数据资料，核实后，传出档案出库信号，储位管理平台的档案智能识别功能模块会结合档号对应相关储位编号，找出该档案保存的具体位置。管理者传出档案出库信号后，储位点上的指示灯立即亮起。资料出库时，射频识别阅读器将获取的信息反馈至管理平台，由管理者再次核实，对出库档案和所查档案核查后出库。而且，系统将记录信息出库时间。若反馈档案和查询档案不相符，安全管理平台内的警报模块就会传输异常预警。

（9）安全控制领域。射频识别技术能实现对档案馆的及时监控和异常报警等功能，以避免档案被毁、失窃等。档案在被借阅归还时，特别是实物档案，常常用作展览、评价检查等，管理者对归还的档案仔细检查，并和档案借出以前的信息核实，能及时发现档案是否受损、缺失等情况。

（六）条形码识别技术

条形码识别技术是由美国的N.T.Woodland在1949年首先提出的。它算得上是最古老、最成熟的一种识别技术，它也是自动识别技术中应用最广泛和最成功的技术（图3–9）。由于条形码识别技术成本较低，具有完善的标准体系，已在全球散播，所以已经被普遍接受。

条形码是由宽度不同、反射率不同的条和空，按照一定的编码规则（码制）编制成，用于表达一组数字或字母符号信息的图形标识符，即条形码是一组粗细不同、按照一定的规则安排间距的平行线条图形。条形码识别技术的基本工作原理为：由光源发出的光线经过光学系统照射到条码符号上面，被反射回来的光经过光学系统成像在光电转换器上，使之产生电信号；信号经过电路放大后产生模拟电压，与照射

图3–9 条形码识别技术

到条码符号上被反射回来的光成正比；再经过滤波、整形，形成与模拟信号对应的方波信号后，经译码器解释为计算机可以直接接受的数字信号。

（七）磁卡识别技术

我们常用的磁卡是通过磁条记录信息的。磁条应用了物理学和磁力学的基本原理。

磁卡识别技术（图3-10）的数据可读写，即具有现场改变数据的能力；数据的存储一般能满足需要；使用方便、成本低廉。这些优点使磁卡识别技术的应用领域十分广泛，如信用卡、银行ATM卡、现金卡（如电话磁卡）、机票、公共汽车票、自动售货卡等。

图 3-10　磁卡识别技术

磁卡识别技术的缺点：数据存储的时间长短受磁性粒子极性的耐久性限制，使用寿命短、信息容量小，常常依赖于外界的数据库；磁卡存储数据的安全性一般较低，如磁卡不小心接触磁性物质就可能造成数据的丢失或混乱。要提高磁卡存储数据的安全性能，就必须采用另外的相关技术。

二、定位技术

定位技术是测量目标的位置参数、时间参数、运动参数等时空信息的技术。

（一）卫星定位技术

卫星定位技术是一种使用卫星对某物进行准确定位的技术（图3-11）。国内从最初的定位精度低、不能实时定位、难以提供及时的导航服务，发展到现如今高精度的北斗卫星导航系统，实现了在任意时刻、地球上任意一点都可以给用户提供导航、定位、授时等功能。卫星定位可以用来引导飞机、船舶、车辆、个人等安全、准确地沿着选定的路线，准时到达目的地。

北斗卫星导航系统（英文名称：BeiDou Navigation Satellite System，简称BDS）（图3-12）是中国自行研制的全球卫星导航系统，也是继GPS、GLONASS之后的第三个成熟的卫星导航系统。中国北斗卫星导航系统和美国GPS、俄罗斯GLONASS、欧盟GALILEO，是联合国卫星导航委员会已认定的供应商。

北斗卫星导航系统由空间段、地面段和用户段三部分组成，可在全球范围内全天候、全天时为各类用户提供高精度、高可靠定位、导航、授时服务，并且具备短报文通信能力，已经初步具备区域导航、

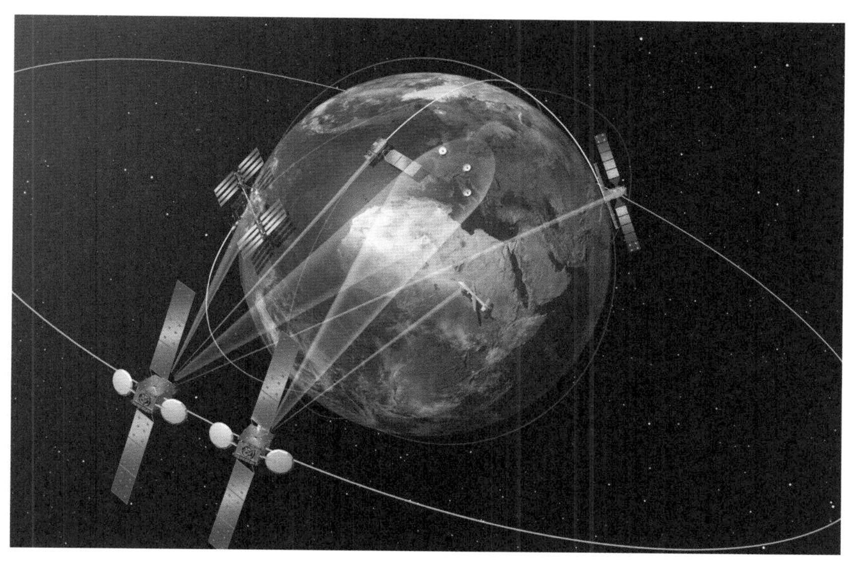

图 3-11　卫星定位技术

图 3-12　北斗卫星导航系统标识

定位和授时能力，定位精度为分米、厘米级别，测速精度0.2米/秒，授时精度10纳秒。

2020年7月31日上午，北斗三号全球卫星导航系统正式开通。

全球范围内已经有137个国家与北斗卫星导航系统签下了合作协议。随着全球组网的成功，北斗卫星导航系统未来的国际应用空间将会不断扩展。

2020年12月15日，北斗导航装备与时空信息技术铁路行业工程研究中心成立。

2021年5月26日，在中国南昌举行的第十二届中国卫星导航年会上，中国北斗卫星导航系统主管部门透露，中国卫星导航产业年均增长达20%以上。截至2020年，中国卫星导航产业总体产值已突破4000亿元。预估到2025年，中国北斗产业总产值将达到1万亿元。

1.北斗卫星导航系统概述

北斗卫星导航系统（以下简称北斗系统）是中国着眼于国家安全和经济社会发展需要，自主建设、独立运行的卫星导航系统，是为全球用户提供全天候、全天时、高精度定位、导航和授时服务的国家重要空间基础设施。

随着北斗系统的建设和服务能力的发展，相关产品已广泛应用于交通运输、海洋渔业、水文监测、气象预报、测绘地理信息、森林防火、通信时统、电力调度、救灾减灾、应急搜救等领域，逐步渗透到人类社会生产和人们生活的方方面面，为全球经济和社会发展注入新的活力。

卫星导航系统是全球性公共资源，多系统兼容与互操作已成为发展趋势。中国始终秉持和践行“中国的北斗，世界的北斗”的发展理念，服务“一带一路”建设发展，积极推进北斗系统国际合作。与其他卫星导航系统携手，与各个国家、地区和国际组织一起，共同推动全球卫星导航事业发展，让北斗系统更好地服务全球、造福人类。

2. 北斗系统建设发展历程

中国高度重视北斗系统建设发展，自20世纪80年代开始探索适合国情的卫星导航系统发展道路，形成了“三步走”发展战略：2000年年底，建成北斗一号系统，向中国提供服务；2012年年底，建成北斗二号系统，向亚太地区提供服务；2020年，建成北斗三号系统，向全球提供服务。

第一步，建设北斗一号系统（图3-13）。1994年，启动北斗一号系统工程建设；2000年，发射2颗地球静止轨道卫星，建成系统并投入使用，采用有源定位体制，为中国用户提供定位、授时、广域差分和短报文通信服务；2003年发射第3颗地球静止轨道卫星，进一步增强系统性能。

第二步，建设北斗二号系统（图3-14）。2004年，启动北斗二号系统工程建设；2012年年底，完成14颗卫星（5颗地球静止轨道卫星、5颗倾斜地球同步轨道卫星和4颗中圆地球轨道卫星）发射组网。北斗二号系统在兼容北斗一号系统技术体制基础上，增加无源定位体制，为亚太地区用户提供定位、测速、授时和短报文通信服务。

第三步，建设北斗三号系统（图3-15）。2009年，启动北斗三号系统建设；2018年年底，完成19颗卫星发射组网，完成基本系统建设，向全球提供服务；2020年年底，完成30颗卫星发射组网，全面建成北斗三号系统。北斗三号系统继承北斗有源服务和无源服务两种技术体制，能够为全球用户提供基本导航（定位、测速、授时），全球短报文通信，国际搜救服务，中国及周边地区用户还可享有区域短报文通信、

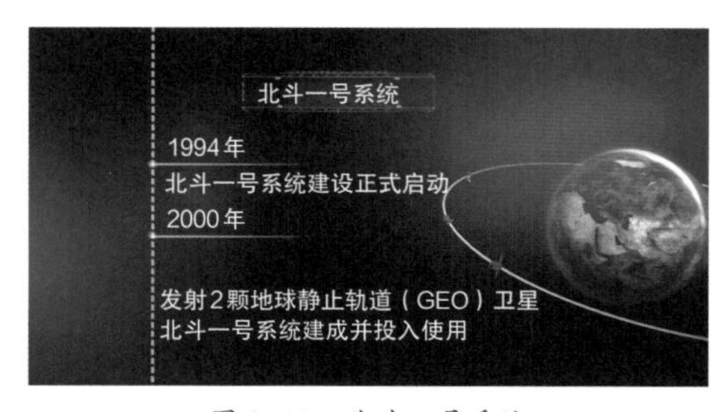

图3-13　北斗一号系统

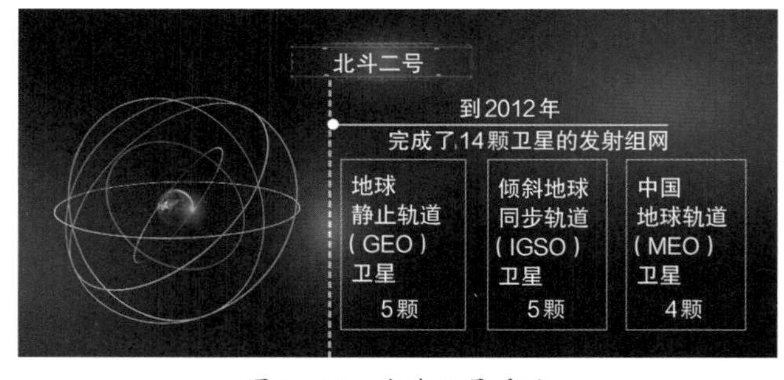

图3-14　北斗二号系统

星基增强、精密单点定位等服务。

截至2019年9月，北斗卫星导航系统在轨卫星已达39颗。从2017年年底开始，北斗三号系统建设进入了超高密度发射。北斗系统正式向全球提供RNSS服务，在轨卫星共39颗。

2020年6月23日，北斗三号最后一颗全球组网卫星在西昌卫星发射中心用长征三号乙运载火箭点火升空。至此北斗三号全球卫星导航系统星座部署比原计划提前半年全面完成（图3-16）。

2020年7月31日，北斗三号全球卫星导航系统建成暨开通仪式在人民大会堂举行。

2021年3月4日，北斗三号全球卫星导航系统开通以来，系统运行稳定，持续为全球用户提供优质服务，开启全球化、产业化新征程。

3.北斗应用与产业化

中国积极培育北斗系统的应用开发，打造由基础产品、应用终端、

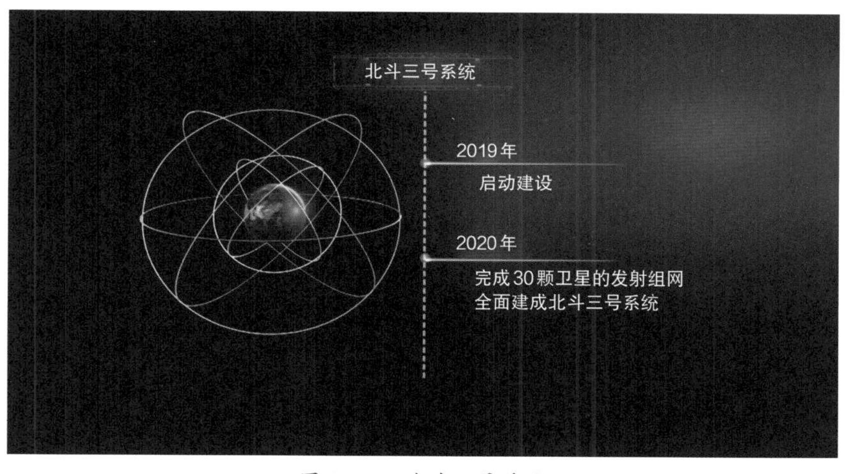

图3-15　北斗三号系统

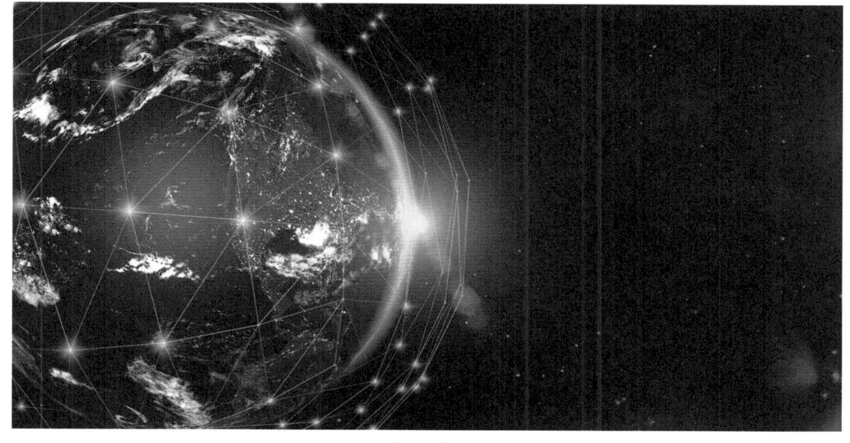

图3-16　北斗导航系统组网

应用系统和运营服务构成的产业链，持续加强北斗产业保障、推进和创新体系建设，不断改善产业环境，扩大应用规模，实现融合发展，提升卫星导航产业的经济和社会效益。

（1）基础产品及设施。北斗基础产品已实现自主可控，国产北斗芯片、模块等关键技术全面突破，性能指标与国际同类产品相当，目前多款北斗芯片实现规模化应用，工艺水平达到22纳米。

建设北斗地基增强系统。截至2020年年底，在中国范围内已建成2800余个北斗地基增强系统基准站，在交通运输、地震预报、气象测报、国土测绘、国土资源、科学研究与教育等多个领域为用户提供基本服务，提供米级、分米级、厘米级的定位导航和后处理毫米级的精密定位服务。

（2）行业及区域应用。北斗系统提供服务以来，已在交通运输、农林渔业、水文监测、气象测报、通信系统、电力调度、救灾减灾、公共安全等领域得到广泛应用（图3–17），融入国家核心基础设施，产生了显著的经济效益和社会效益。

①交通运输方面，北斗系统广泛应用于重点运输过程监控、公路基础设施安全监控、港口高精度实时定位调度监控等领域。全国范围内建立的公路、内河及海上导航设施已应用北斗系统，并建成全球最

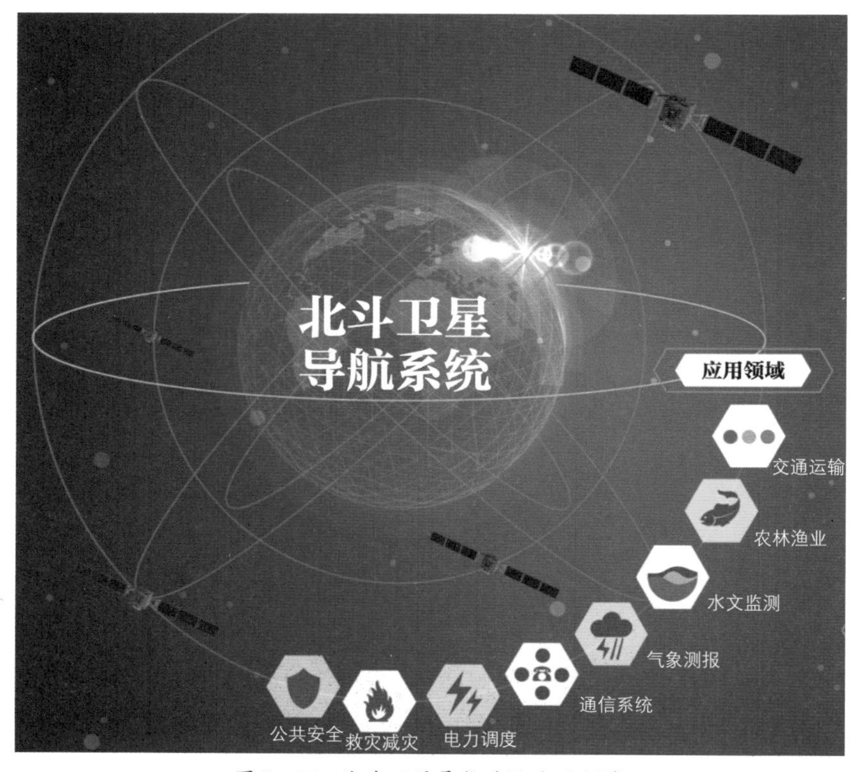

图3–17　北斗卫星导航系统应用领域

大的营运车辆动态监管系统，有效提升了监控管理效率和道路运输安全水平。

②农林渔业方面，基于北斗的农机作业监管平台实现农机远程管理与精准作业；定位与短报文通信功能在森林防火等应用中发挥了突出作用；为渔业管理部门提供船位监控、紧急救援、信息发布、渔船出入港管理等服务。

③水文监测方面，成功应用于多山地域水文测报信息的实时传输，提高灾情预报的准确性，为制定防洪抗旱调度方案提供重要支持。

④气象测报方面，研制一系列气象测报型北斗终端设备，形成系统应用解决方案，提高了国内高空气象探空系统的观测精度、自动化水平和应急观测能力。

⑤通信系统方面，突破光纤拉远等关键技术，研制出一体化卫星授时系统，开展北斗双向授时应用。

⑥电力调度方面，开展基于北斗的电力时间同步应用，为在电力事故分析、电力预警系统、保护系统等高精度时间应用创造了条件。

⑦救灾减灾方面，基于北斗系统的导航、定位、短报文通信功能，提供实时救灾指挥调度、应急通信、灾情信息快速上报与共享等服务，显著提高了灾害应急救援的快速反应能力和决策能力。

⑧公共安全方面，全国40余万部警用终端联入警用位置服务平台。北斗系统在亚太经济合作组织会议、二十国集团峰会等重大活动安保中发挥了重要作用。

（3）大众应用。北斗系统大众服务发展前景广阔。基于北斗的导航服务已被电子商务、移动智能终端制造、位置服务等企业采用，广泛进入中国大众消费、共享经济和民生领域，深刻改变着人们的生产生活方式。

①电子商务领域，国内多家电子商务企业的物流货车及配送员，应用北斗车载终端和手环，实现了车、人、货信息的实时调度。

②智能手机应用领域，国内外主流芯片企业均推出兼容北斗的通导一体化芯片。

③智能可穿戴领域，多款支持北斗系统的手表、手环等智能可穿戴设备，以及学生卡、老人卡等特殊人群关爱产品不断涌现，得到广泛应用。

（4）工程研究中心成立。2020年12月15日，北斗导航装备与时空信息技术铁路行业工程研究中心成立。该工程研究中心由国家铁路局授牌，将直接服务于北斗系统和中国高铁的深度融合应用。

（二）室内定位技术

室内定位技术具有广阔的应用前景，可与宽带移动互联网、云计算、大数据、高性能计算等技术相结合，形成新型综合应用，提升国家空间基础设施的服务能力和服务水平，提升城市在重大灾害、公共安全和应急救援领域的服务能力，助力医疗健康和养老等社会服务网络化、定制化的进程，促进技术创新和商业模式创新融合发展。

目前室内定位常用的定位方法，从原理上主要分为邻近探测法、质心定位法、多边定位法、三角定位法、极点法、指纹定位法和航位推算法七种。

根据上面介绍的定位原理衍生出了多种室内定位技术，下面对主流的室内定位技术进行简要介绍：

1. Wi-Fi定位技术

目前Wi-Fi是相对成熟且应用较多的技术。Wi-Fi定位一般采用“近邻法”判断，最靠近哪个热点或基站，即认为处在什么位置，如附近有多个信源，则可以通过交叉定位（三角定位），提高定位精度（图3-18）。

由于Wi-Fi已普及，因此不需要再铺设专门的设备用于定位。用户在使用智能手机时开启过Wi-Fi、移动蜂窝网络，就可能成为数据源。该技术具有便于扩展、可自动更新数据、成本低的优势，因此最先实现了规模化。

不过，Wi-Fi热点受周围环境的影响比较大，精度较低。为了做得更精准，有些公司就做了Wi-Fi指纹采集，事先记录巨量的确定位置点的信号强度，通过用新加入的设备的信号强度，对比拥有巨量数据的数据库来确定位置。由于采集工作需要大量的人员来进行，并且要定期进行维护，技术难以扩展，很少有公司能对国内的这么多商场进行定期的更新指纹数据。

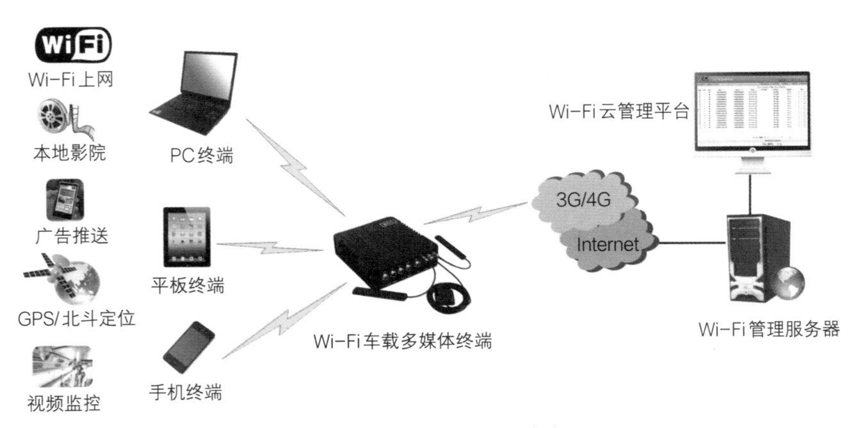

图 3-18　Wi-Fi 定位技术

Wi-Fi定位可以实现复杂的大范围定位，但精度只能达到2米左右，无法做到精准定位。因此适用于对人或者车的定位导航，可用于医疗机构、主题公园、工厂、商场等各种需要定位导航的场合。

2.射频识别定位技术

射频识别定位技术的基本原理是通过一组固定的射频识别阅读器读取目标射频识别电子标签的特征信息（如身份ID、接收信号强度等），同样可以采用近邻法、多边定位法、接收信号强度等方法确定电子标签所在位置。

这种技术作用距离短，一般最长为几十米，但它可以在几毫秒内得到厘米级定位精度的信息，且传输范围很大，成本较低。同时，由于其非接触和非视距等优点，成为优选的室内定位技术。

目前，射频识别定位技术研究的热点和难点在于理论传播模型的建立、用户的安全隐私和国际标准化等问题。并且作用距离近，不具有通信能力，而且不便于整合到其他系统中，无法做到精准定位，布设读卡器和天线需要有大量的工程实践经验，难度较大。

3.红外定位技术

红外线是一种波长在无线电波和可见光波之间的电磁波。红外定位技术主要有两种具体实现方法。

第一种是将定位对象附上一个会发射红外线的电子标签，通过室内安放的多个红外传感器测量信号源的距离或角度，从而计算出对象所在的位置。这种方法在空旷的室内容易实现较高精度，可实现对红外辐射源的被动定位。但红外线很容易被障碍物遮挡，传输距离也不长，因此需要大量密集部署传感器，造成较高的硬件和施工成本。此外，红外线易受热源、灯光等干扰，造成定位精度和准确度下降。该技术目前主要用于军事上对飞行器、坦克、导弹等红外辐射源的被动定位，此外也用于室内自走机器人的位置定位。

第二种方法是红外织网，即通过多对发射器和接收器织成的红外线网覆盖待测空间，直接对运动目标进行定位。这种方法的优势在于，不需要定位对象携带任何终端或电子标签，隐蔽性强，常用于安防领域。其劣势在于，要实现精度较高的定位需要部署大量红外线接收和发射器，成本非常高，因此只有高等级的安防才会采用此方法。

4.超声波定位技术

超声波定位技术目前大多数采用反射式测距法。系统由一个主测距器和若干个电子标签组成，主测距器可放置于移动机器人本体上，各个电子标签放置于室内空间的固定位置。定位过程如下：先由上位机发送同频率的信号给各个电子标签，电子标签接收后又反射传输给主测距器，从而可以确定各个电子标签到主测距器之间的距离，并得到定位坐标。

目前，比较流行的基于超声波室内定位技术的有两种：

一种为将超声波与射频识别技术结合进行定位。由于射频信号传输速率接近光速，远高于射频速率，那么可以利用射频信号先激活电子标签后使其接收超声波信号，利用时间差的方法测距。这种技术成本低，功耗小，精度高。

另一种为多超声波定位技术。该技术采用全局定位，可在移动机器人身上4个朝向安装4个超声波传感器，将待定位空间分区，由超声波传感器测距形成坐标来总体把握数据，抗干扰性强，精度高，而且可以解决机器人迷路问题。

超声波定位精度可达厘米级，精度比较高。缺陷是超声波在传输过程中衰减明显从而影响其定位有效范围。

5.蓝牙定位技术

蓝牙定位技术是基于RSSI（Received Signal Strength Indication，信号场强指示）定位原理的技术（图3-19）。根据定位端的不同，蓝牙定位技术分为网络侧定位和终端侧定位。

（1）网络侧定位由终端（手机等带低功耗蓝牙的终端）、蓝牙beacon节点，蓝牙网关、无线局域网及后端数据服务器构成。其具体定位过程是：

首先在区域内铺设beacon和蓝牙网关。当终端进入beacon信号覆盖范围，终端就能感应到beacon的广播信号，然后测算出在某beacon下的RSSI值，通过蓝牙网关经过Wi-Fi网络传送到后端数据服务器，

图3-19　蓝牙定位技术

最后通过服务器内置的定位算法测算出终端的位置。

（2）终端侧定位由终端设备（如嵌入SDK软件包的手机）和beacon组成。其具体定位原理是：

首先在区域内铺设蓝牙信标。其次，beacon不断向周围广播信号和数据包。最后，当终端设备进入beacon信号覆盖的范围，测出其在不同基站下的RSSI值，再通过手机内置的定位算法测算出位置。

网络侧定位主要用于人员跟踪定位、资产定位及客流分析等情境之中；而终端侧定位一般用于室内定位导航、精准位置营销等用户终端。

蓝牙定位的优势在于实现简单，定位精度和蓝牙信标的铺设密度及发射功率有密切关系，并且非常省电，可通过深度睡眠、免连接、协议简单等方式达到省电目的。

6.惯性导航定位技术

这是一种纯客户端的定位技术，主要利用终端惯性传感器采集的运动数据，如加速度传感器、陀螺仪等测量物体的速度、方向、加速度等信息，基于航位推测法，经过各种运算得到物体的位置信息。

随着行走时间增加，惯性导航定位的误差也在不断累积，需要外界更高精度的数据源对其进行校准。所以，现在惯性导航定位技术一般和Wi-Fi指纹结合在一起，每过一段时间通过Wi-Fi请求室内位置，以此来对MEMS产生的误差进行修正。该技术目前商用比较成熟，在扫地机器人中得到广泛应用。

7.超宽带定位技术

超宽带定位技术（图3-20）是近年来新兴的一项全新的、与传统通信技术有极大差异的通信无线新技术。它不需要使用传统通信体制中的载波，而是通过发送和接收具有纳秒或微秒级以下的极窄脉冲来传输数据，从而具有3.1 ~ 10.6GHz量级的带宽。目前，美国、日本、加拿大等国家都在研究这项技术，在无线室内定位领域具有良好的前景。

超宽带定位技术利用事先布置好的已知位置的锚节点和桥节点，与新加入的盲节点进行通信，并利用三角定位或者指纹定位方式来确定位置。

超宽带可用于室内精确定位，如战场士兵的位置发现、机器人运动跟踪等。超宽带系统与传统的窄带系统相比，具有穿透力强、功耗低、抗干扰效果好、安全性高、系统复杂度低、定位精度精确等优点。因此，超宽带技术定位可以应用于室内静止或者移动物体以及人的定

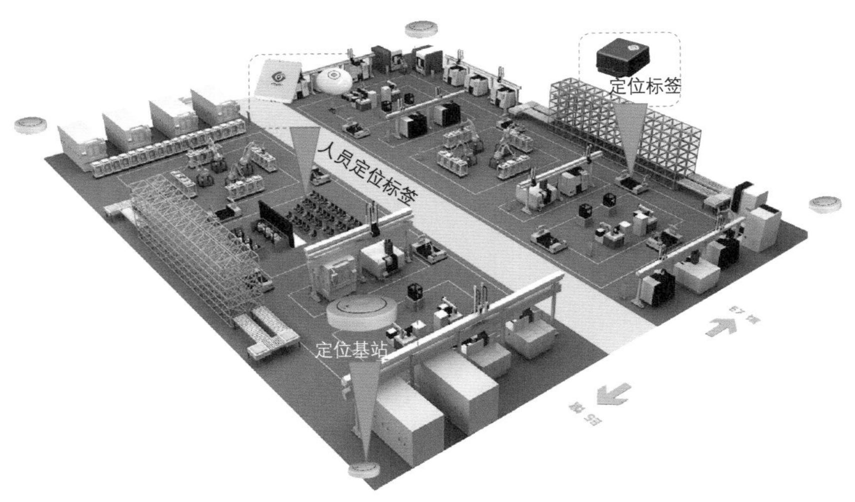

图 3-20　超宽带定位技术

位跟踪与导航，且能提供十分精确的定位精度。根据不同公司使用的技术手段或算法不同，精度可保持在0.1～0.5米。

8. LED可见光定位技术

LED可见光定位技术的工作原理是：通过对每个LED灯进行编码，将ID调制在灯光上，灯会不断发射自己的ID，并通过手机的前置摄像头来识别这些编码；之后利用所获取的识别信息在地图数据库中确定对应的位置信息，完成定位。

由于不需要额外部署基础设施，终端数量的扩大对性能没有任何影响，并且可以达到一个非常高的精度。

目前，LED可见光定位技术在北美很多商场已经在部署。用户下载应用后，到达商场里的某一个货架，通过检测货架周围的灯光即可知晓位置，商家通过这样的方法向消费者推送商品的折扣等信息。

9. 地磁定位技术

地球可视为一个磁偶极，其中一极位在地理北极附近，另一极位在地理南极附近。地磁场包括基本磁场和变化磁场两个部分。基本磁场是地磁场的主要部分，起源于地球内部，比较稳定，属于静磁场部分。变化磁场包括地磁场的各种短期变化，主要起源于地球内部，相对比较微弱。

现代建筑的钢筋混凝土结构，会在局部范围内对地磁产生扰乱，指南针可能也会因此受到影响。原则上来说，非均匀的磁场环境会因其路径不同产生不同的磁场观测结果。而这种地磁定位技术，正是利用地磁在室内的这种变化进行室内导航，并且导航精度可以达到0.1～2米。

不过，使用这种技术进行导航的过程还是稍显麻烦。用户需要先将室内楼层平面图上传到Indoor Atlas提供的地图云中，然后用户需要使用其移动客户端实地记录目标地点不同方位的地磁场。记录的地磁数据都会被客户端上传至云端，这样其他人才能利用已记录过的地磁进行精确的室内导航。

10.视觉定位技术

视觉定位技术可以分为两类，一类是通过移动的传感器（如摄像头）采集图像确定该传感器的位置，另一类是通过固定位置的传感器确定图像中待测目标的位置。根据参考点选择的不同，又可以分为参考3D建筑模型、图像、预部署目标、投影目标、其他传感器和无参考。

参考3D建筑模型和图像分别是以已有建筑结构数据库和预先标定图像进行比对。而为了提高鲁棒性，参考预部署目标使用布置好的特定图像标志（如二维码）作为参考点；参考投影目标则是在参考预部署目标的基础上，在室内环境投影参考点；参考其他传感器则可以融合其他传感器数据以提高精度、覆盖范围或鲁棒性。

除了以上提及的十种室内定位技术，定位技术的种类还有几十甚至上百种，这里不再一一赘述。而每种定位技术都有自己的优缺点和适合的应用场景，没有绝对的优劣之分。根据不同的需求，因地制宜地部署解决方案，方为上策。

三、传感器及其技术应用

传感器技术是现代信息技术主要内容之一。现代信息技术包括计算机技术、通信技术和传感器技术。计算机相当于人的大脑，通信相当于人的神经，而传感器就相当于人的感官。

传感器是一种检测装置，能感受到被测量的信息，并能将感受到的信息，按一定规律变换成为电信号或其他所需形式的信息输出，以满足信息的传输、处理、存储、显示、记录和控制等要求。传感器的特点包括微型化、数字化、智能化、多功能化、系统化、网络化。它是实现自动检测和自动控制的首要环节。传感器的存在和发展，让物体有了触觉、味觉和嗅觉等感官，慢慢让物体变得活了起来。

传感器通常由敏感元件和转换元件组成。其中敏感元件是指传感器中能直接感受或响应被测量（输入量）的部分；转换元件是指传感器中能将敏感元件感受的或响应的被探测量转换成适于传输和（或）

测量的电信号的部分。通常根据其基本感知功能分为热敏元件、光敏元件、气敏元件、力敏元件、磁敏元件、湿敏元件、声敏元件、放射线敏感元件、色敏元件等（图3-21）。

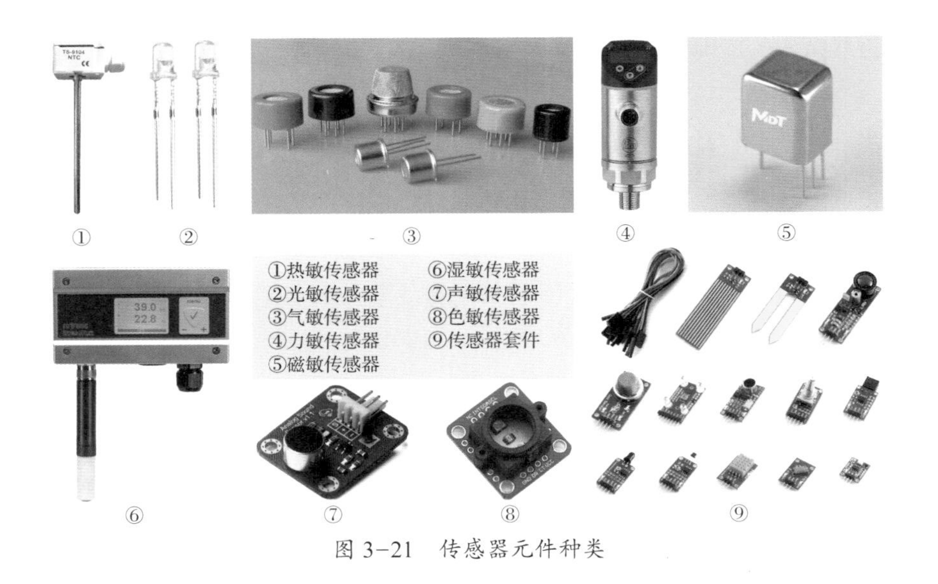

图 3-21　传感器元件种类

（一）主要作用

人们为了从外界获取信息，必须借助于感觉器官。而单靠人们自身的感觉器官，在研究自然现象和规律以及生产活动中它们的功能就远远不够了。为适应这种情况，就产生了传感器。因此可以说，传感器是人类五官的延长，又称为电五官。

新技术革命的到来，世界开始进入信息时代。在利用信息的过程中，首先要解决的就是获取准确可靠的信息，而传感器是获取自然和生产领域中信息的主要途径与手段。

在现代工业生产尤其是自动化生产过程中，要用各种传感器来监视和控制生产过程中的各个参数，使设备工作在正常状态或最佳状态，并使产品达到最好的质量。因此可以说，没有众多的优良的传感器，现代化生产也就失去了基础。

在基础学科研究中，传感器具有突出的地位。现代科学技术的发展，进入了许多新领域，例如，在宏观上要观察上千光年的茫茫宇宙，微观上要观察小到飞米的粒子世界，纵向上要观察长达数十万年的天体演化，短到秒的瞬间反应。此外，还出现了对深化物质认识、开拓新能源、新材料等具有重要作用的各种极端技术研究，如超高温、超低温、超高压、超高真空、超强磁场、超弱磁场等。显然，要获取大量人类感官无法直接获取的信息，没有相适应的传感器是不可能的。

许多基础学科研究的障碍，首先就在于对象信息的获取存在困难，而一些新机理和高灵敏度的检测传感器的出现，往往会有助于该领域内的突破。一些传感器的发展，往往是一些边缘学科开发的先驱。

传感器早已渗透到诸如工业生产、宇宙开发、海洋探测、环境保护、资源调查、医学诊断、生物工程，甚至文物保护等极其广泛的领域。可以毫不夸张地说，从茫茫的太空，到浩瀚的海洋，以至于各种复杂的工程系统，几乎每一个现代化项目，都离不开各种各样的传感器。

由此可见，传感器技术在发展经济、推动社会进步方面有着重要的作用。世界各国都十分重视这一领域的发展。相信不久的将来，传感器技术将会出现一个飞跃，达到与其重要地位相称的新水平。

（二）传感器的主要分类

1. 按用途划分

按用途可分为压力敏和力敏传感器、位置传感器、液位传感器、能耗传感器、速度传感器、加速度传感器、射线辐射传感器、热敏传感器。

2. 按原理分

按原理可分为振动传感器、湿敏传感器、磁敏传感器、气敏传感器、真空度传感器、生物传感器等。

3. 按输出信号分

按输出信号可分为模拟传感器、数字传感器、膺数字传感器及开关传感器。模拟传感器是将被测量的非电学量转换成模拟电信号；数字传感器是将被测量的非电学量转换成数字输出信号（包括直接和间接转换）；膺数字传感器是将被测量的信号量转换成频率信号或短周期信号的输出（包括直接或间接转换）；开关传感器是当一个被测量的信号达到某个特定的阈值时，传感器相应地输出一个设定的低电平或高电平信号。

4. 按其制造工艺分

按制造工艺可分为集成传感器、薄膜传感器、厚膜传感器、陶瓷传感器。

集成传感器是用标准的生产硅基半导体集成电路的工艺技术制造的。通常还将用于初步处理被测信号的部分电路也集成在同一芯片上。

薄膜传感器是通过沉积在介质衬底（基板）上的相应敏感材料的薄膜形成的。使用混合工艺时，同样可将部分电路制造在此基板上。

厚膜传感器是利用相应材料的浆料，涂覆在陶瓷基片上制成的，基片通常是Al_2O_3制成的，然后进行热处理，使厚膜成形。

陶瓷传感器采用标准的陶瓷工艺或其某种变种工艺（溶胶、凝胶等）生产。

完成适当的预备性操作之后，已成形的元件在高温中进行烧结。厚膜和陶瓷这两种传感器的工艺之间有许多共同特性，在某些方面，可以认为厚膜传感器的工艺是陶瓷传感器工艺的一种变型。

5. 按测量目的分

按测量目的可分为物理型、化学型和生物型传感器。

物理型传感器是利用被测量物质的某些物理性质发生明显变化的特性制成的。

化学型传感器是利用能把化学物质的成分、浓度等化学量转化成电学量的敏感元件制成的。

生物型传感器是利用各种生物或生物物质的特性做成的，用以检测与识别生物体内化学成分的传感器。

6. 按其构成分

按其构成可分为基本型、组合型和应用型三种。

基本型传感器是一种最基本的单个变换装置。

组合型传感器是由不同单个变换装置组合而构成的传感器。

应用型传感器是基本型传感器或组合型传感器与其他机构组合而构成的传感器。

7. 按作用形式分

按作用形式可分为主动型和被动型两种传感器。

主动型传感器又有作用型和反作用型，此种传感器对被测对象能发出一定探测信号，能检测探测信号在被测对象中所产生的变化，或者由探测信号在被测对象中产生某种效应而形成信号。检测探测信号变化方式的称为作用型，检测产生响应而形成信号方式的称为反作用型。雷达与无线电频率范围探测器是作用型实例，而光声效应分析装置与激光分析器是反作用型实例。

被动型传感器只是接收被测对象本身产生的信号，如红外辐射温度计、红外摄像装置等。

（三）应用领域

近年来，随着物联网、人工智能等技术的发展，传感器市场需求迅速增长，其广泛应用于航天、铁路、港口、冶金、机床、纺织、电梯、石油化工、印刷、包装、食品、建筑、汽车、家电等各个领域（图3–22），持续呈现出多元化的发展趋势。麦肯锡报告指出，到2025

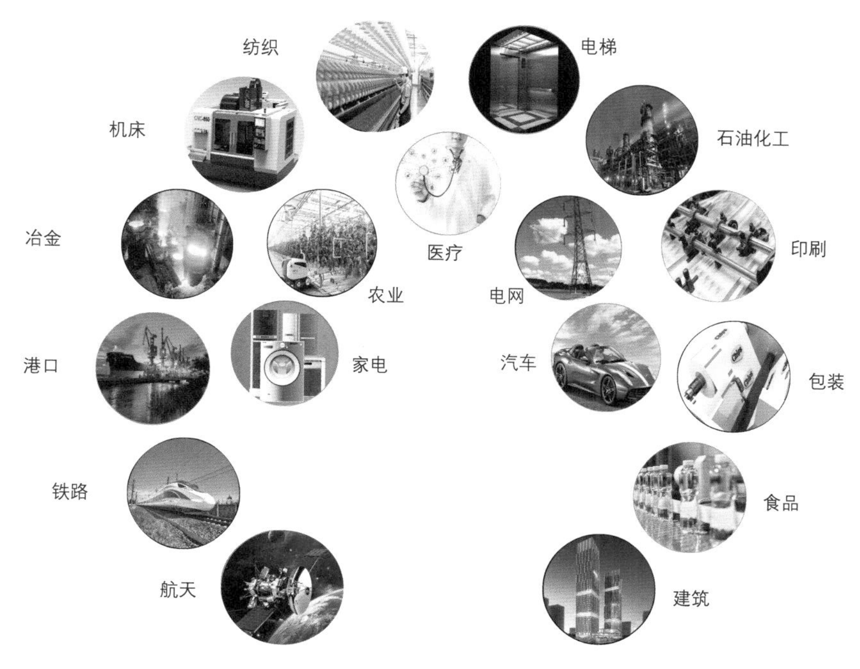

图 3-22 传感器的应用领域

年，物联网带来的经济效益将在2.7万亿~6.2万亿美元之间，其中传感器作为物联网技术最重要的数据采集入口，将迎来广阔的发展空间。

1. 工业自动化领域

在工业自动化领域，传感器作为机械的触觉，是实现工业自动检测和自动控制的首要环节。和消费电子等民用领域相比，工业环境对传感器的要求更高，在其精度、稳定性、抗震动和抗冲击性方面要求更为苛刻。

传感器不仅需要实现实时通信，还要足够精准，能满足工业控制零误差的需求。传感器应用在不同的工业领域，对其能耐受的温度、湿度、酸碱度也有不同的个性化要求，功耗和尺寸也会受到严格限制。

2. 电子制造领域

随着电子消费产品的日益普及，电子“发烧友”对新产品的渴望已形成追逐之势，致使电子制造业市场逐渐扩大。为了满足市场需求，电子制造业大量地应用工业传感器，以全面提升整体生产能力。在电子制造的生产线中，无论是机器人组装，还是电子元件的检测，都离不开视觉传感设备的应用。

3. 工业机器人领域

近年来，智能机器人一度成为热潮。为了提高机器人的适应能力，及时检测到作业环境，在机器人上应用了大量的传感设备。这些传感器改善了机器人工作状况，使其能够更充分地完成复杂的工作。在一台机器人身上，集成了触觉传感器、视觉传感器、力觉传感器、接近觉传感器、超声波传感器和听觉传感器，甚至安全传感器等。

4.汽车制造领域

我国汽车销量迅猛增长，传感器应用也随之快速增长。微型化、多功能化、集成化和智能化的传感器将逐步取代传统的传感器，成为汽车传感器的主流。

现代高级轿车的电子化控制系统水平的关键就在于采用各种传感器的数量和水平，目前一辆普通家用轿车上大约安装几十到近百只传感器，而豪华轿车上的传感器数量可多达二百余只，种类通常达30余种，多则百种。

此外，在汽车生产自动化过程中，对零部件的位置检测成为传感器应用的重要一环，也是对传感器要求最高的环节。

5.食品检测领域

因食品安全问题日益突出，我国对食品安全越来越重视，于是对食品检测技术提出了精细化要求。在食品检测技术中，传感器发挥着重要作用，对食品温度、位置等的数据采集帮助很大。传感器的应用不仅提高了食品的产量，还能保障食品的安全性。

6.通信电子产品领域

手机产量的大幅增长及手机新功能的不断增加，给传感器市场带来机遇与挑战，智能手机的普遍使用也增加了传感器在该领域的应用比。此外，应用于集团电话和无绳电话的超声波传感器、用于磁存储介质的磁场传感器等都将出现强势增长。

7.环境保护领域

目前，大气污染、水质污染及噪声污染等问题已严重地破坏了地球的生态平衡和人们赖以生存的环境，这一现状已引起了世界各国的重视。为保护环境，利用传感器制成的各种环境监测仪器正在发挥着积极的作用。

8.家用电器领域

现代家用电器中普遍应用着传感器。传感器在电子炉灶、自动电饭锅、吸尘器、空调器、电子热水器、热风取暖器、风干器、报警器、电熨斗、电风扇、游戏机、电子驱蚊器、洗衣机、洗碗机、照相机、电冰箱、彩色电视机、录像机、录音机、收音机、电唱机及家庭影院等方面得到了广泛的应用。

随着人们生活水平的不断提高，对提高家用电器产品的功能及自动化程度的要求越来越强烈。为满足这些要求，首先要使用能检测模拟量的高精度传感器，以获取正确的控制信息，再由微型计算机进行控制，使家用电器的使用更加方便、安全、可靠，并减少能源消耗，为更多的家庭创造一个舒适的生活环境。

目前，家庭自动化的蓝图正在设计之中，未来的家庭将由作为中央控制装置的微型计算机通过各种传感器代替人监视家庭中各种设备的工作状态，并通过控制设备进行各种控制。家庭自动化的主要内容包括：安全监视与报警、空调及照明控制、耗能控制、太阳光自动跟踪、家务劳动自动化及人身健康管理等。家庭自动化的实现，可使人们有更多的时间用于学习、教育或休息娱乐。

9.健康医疗领域

随着医用电子学的发展，仅凭医生的经验和感觉进行诊断的时代已经结束。现在，应用医用传感器可以对人体的表面和内部温度、血压及腔内压力、血液及呼吸流量、肿瘤、血液的分析、脉搏及心音、心脑电波等进行高难度的诊断。显然，传感器对促进医疗技术的高度发展起着非常重要的作用。

除了上述领域外，在智慧农业、智慧交通、智能楼宇、智能环保、智能电网、智能可穿戴等领域，传感器同样有着广阔的应用空间。

第二节 信息处理

信息处理是指用计算机技术处理信息。计算机运行速度极高，能自动处理大量的信息，并具有很高的精确度。

一、信息处理的发展历史

有信息就有信息处理。人类社会很早就出现了信息的记录、存储和传输，原始社会的“结绳记事”就是以麻绳和筹码作为信息载体，用来记录和存储信息。文字的创造、造纸术和印刷术的发明是信息处理的第一次巨大飞跃，计算机的出现和普遍使用则是信息处理的第二次巨大飞跃。长期以来，人们一直在追求改善和提高信息处理的技术，大致可划分为以下三个时期：

（一）手工处理时期

手工处理时期是用人工方式来收集信息，用书写记录来存储信息，用经验和简单手工运算来处理信息，用携带存储介质来传递信息。信息人员从事简单而烦琐的重复性工作。这个时期信息还不能及时有效地输送给使用者，许多十分重要的信息来不及处理。

（二）机械处理时期

随着科学技术的发展、人们对改善信息处理手段的追求，逐步出现了机械式和电动式的处理工具，如算盘、出纳机、手摇计算机等，在一定程度上减轻了计算者的负担。随之又出现了一些较复杂的电动机械装置，可把数据在卡片上穿孔并进行成批处理和自动打印结果。同时，由于电报、电话的广泛应用，也极大地改善了信息的传输手段，机械处理比手工处理虽然提高了效率，但没有本质的进步。

（三）计算机处理时期

随着计算机在处理能力、存储能力、打印能力和通信能力等方面的提高，特别是计算机软件技术的发展，使用计算机越来越方便，加上微电子技术的突破，使微型计算机日益商品化，从而为计算机在管理上的应用创造了极好的物质条件。这一时期经历了单项处理、综合处理两个阶段，并已发展到系统处理的阶段。这样，不仅各种事务处理达到了自动化，大量人员从烦琐的事务性劳动中解放出来，提高了效率，节省了成本。而且由于计算机的高速运算能力，极大地提高了信息的价值，能够及时地为管理活动中的预测和决策提供可靠的依据。

二、信息处理的革命性变革

（一）第一次信息处理革命是语言的出现和使用

在史前阶段，人类以手势，眼神，动作或某种信号（如点燃烽火、敲击硬物等）传递信息，用感觉器官接受各种自然信息，并与之相适应，但当时信息处理的器官—大脑还不发达。自从人类认识到火的作用这一信息以后，从茹毛饮血进而发展到熟食、取暖、制陶、冶炼，从单纯适应客观世界变成利用信息来改造世界，从而扩大了人类活动和交际的范围。

在生产和生活中，人们需要不断地交流信息，于是就产生了语言（图3-23）。语言因此成为人类信息交流的第一载体。语言是人类区别于其他生物的重要特征，并始终对人类社会的发展和人类文化的演进有着重要影响。因为人的逻辑思维离不开语言，语言是思维的工具；同时语言又是人类进行意识交流和传播信息的工具。通过语言进行信息交流，人类不但获得了大量的信息，同时也促进了人类信息处理器官—大脑的进一步发展。

在语言出现后，人类依靠大脑储存信息，通过语言进行信息的交流和传播。

图 3-23　语言

（二）第二次信息处理革命是文字的发明和使用

人脑漫长的进化过程及语言的使用，是人类开发和利用信息资源的早期阶段。大约在公元前3500年出现了文字，文字的发明为人类信息资源的开发和利用竖起了一个重要的里程碑（图3-24）。

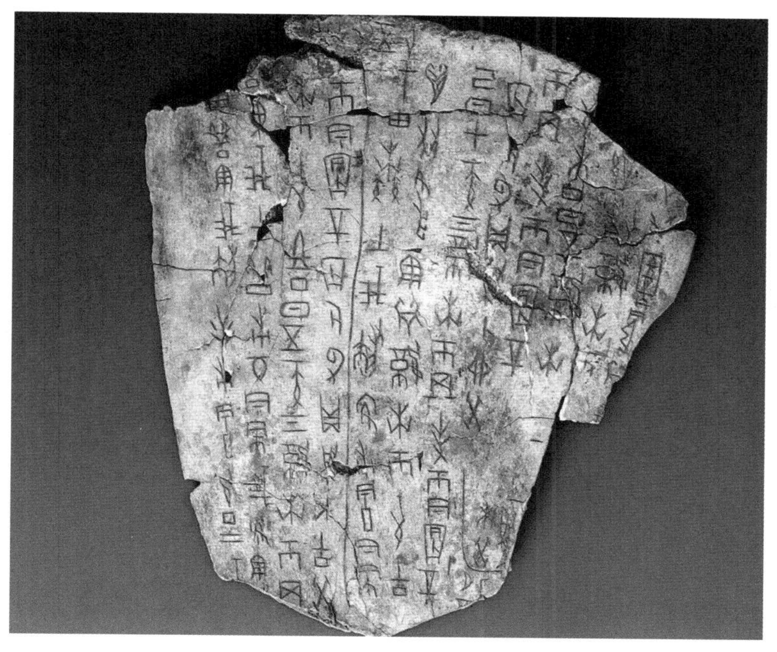

图 3-24　文字的出现

这一时期除了用语言传播信息外，文字成为人类信息交流的第二载体。人类的大脑不仅依靠感觉器官直接与外界保持联系，还可以依靠语言和文字间接地与外界保持联系。文字的出现使人类信息的储存与传播方式取得了重大突破。文字把人类智慧、思维成果记载下来，可以长久地储存，并可以传递给后人。文字极大地突破了时间和地域对人类的限制，在人类知识积累和文明发展的过程中发挥着十分重要的作用。

但在这一阶段，信息是人以手工篆刻或抄写在诸如竹片、石头、织物、纸张等物体上的。手工的方式不仅耗费了许多的时间，使信息的积累和传递代价高昂，而且积累的量小，速度也慢。

（三）第三次信息处理革命是印刷术的发明

北宋时期，毕昇发明了活字印刷术（图3–25）。15世纪中期，德国人约翰内斯·古登堡发明了现代印刷术。文字的发明促进了信息的大量积累，印刷术的发明则把文字信息的传播推向了新的高度。将积累的信息按需收集起来，并加以系统化地整理，便形成了知识。印刷术的使用有利于对文字信息进行大量生产和复制，促进了知识的广泛传播，充分发挥了知识的作用。此后，报刊和书籍成为人类重要的信息储存和传播媒介，极大地促进和推动了思想的传播和人类文明的进步。

图 3–25　活字印刷术

（四）第四次信息处理革命是电报、电话、广播和电视的使用

在对电磁波（图3–26）进行的研究中，人们发现电磁波（包括光

波波段）可以运载信息，于是开始了利用电磁波进行信息传播的尝试。1844年，在美国的华盛顿和巴尔的摩之间开通了世界上第一个电报业务；1876年，贝尔发明了电话；1895年，马可尼发明了无线电；1923年，英国广播公司（BBC）在全国正式广播；1925年，在英国电视首次获得播映……

电报、电话、广播、电视等技术的发展，使人类进入利用电磁波传播信息的时代。以电磁波为载体传播信息，使人们超越了空间限制，不但可以在信息发出的瞬间收听到语言和音响信息，还可以收看图像和文字，于是电磁波便成为人类信息交流的第三载体。与此同时，知识和信息还继续以报纸、杂志、书籍等形式广泛传播，使信息传递普及到整个社会。

图 3-26 电磁波

（五）第五次信息处理革命是指信息技术

信息技术（图3-27）的核心是现代的计算机技术和通信技术的融合。1946年，美国发明了第一台电子计算机；1957年，苏联发射了第一颗人造卫星。计算机的发明和现代通信技术的使用把人类开发利用信息资源的技术发展推进到了计算机通信的新阶段。

计算机与通信技术的结合不是简单地相加，而是产生了惊人的放大效应。计算机作为信息处理工具，其信息存储、处理、传输能力是当今任何其他技术都无法与之相比的。以计算机为核心的信息技术几乎涉及人类社会的各个方面，从经济到政治、从生产到消费、从科研到教育、从社会结构到个人生活方式……信息技术影响之广、作用之大，令人惊叹。信息技术从社会生产力和人类智力开发两个方面推动着社会文明的进步，对人类社会必将产生深刻而久远的影响。

图 3-27 信息技术

三、信息处理器

电子计算机三大核心部件是中央处理器、内部存储器、输入输出设备。中央处理器（central processing unit，即CPU）作为计算机系统的运算和控制核心，是信息处理、程序运行的最终执行单元（图3-28）。中央处理器自产生以来，在逻辑结构、运行效率以及功能外延上取得了巨大发展。

图 3-28 中央处理器

中央处理器，是电子计算机的主要设备之一，计算机中的核心配件。其功能主要是解释计算机指令以及处理计算机软件中的数据。中央处理器是计算机中负责读取指令，对指令译码并执行指令的核心部件，主要包括两个部分，即控制器和运算器，其中还包括高速缓冲存储器及实现它们之间联系的数据、控制的总线。

在计算机体系结构中，中央处理器是对计算机的所有硬件资源（如存储器、输入输出单元）进行控制调配、执行通用运算的核心硬件单元。中央处理器是计算机的运算和控制核心。计算机系统中所有软件层的操作，最终都将通过指令集映射为中央处理器的操作。

（一）发展历史

中央处理器出现于大规模集成电路时代，处理器架构设计的迭代更新以及集成电路工艺的不断提升促使其不断发展完善。从最初专用于数学计算到广泛应用于通用计算，从4位到8位、16位、32位处理器，最后到64位处理器，从各产品互不兼容到不同指令集架构规范的出现，中央处理器自诞生以来一直在飞速发展。

中央处理器的发展已经有四十多年的历史了，通常将其分为以下六个阶段：

1. 第一阶段（1971—1973年）

图 3-29　Intel 4004 处理器

这是4位和8位低档微处理器时代，代表产品是Intel 4004处理器（图3-29）。

1971年，Intel生产的4004微处理器将运算器和控制器集成在一个芯片上，标志着中央处理器的诞生。

2. 第二阶段（1974—1977年）

这是8位中高档微处理器时代，代表产品是Intel 8080（图3-30），此时指令系统已经比较完善了。

图 3-30　Intel 8080 处理器

3. 第三阶段（1978—1984年）

这是16位微处理器的时代，代表产品是Intel 8086，相对而言已经比较成熟了。1978年，Intel 8086处理器的出现奠定了X86指令集架构，随后8086系列处理器被广泛应用于个人计算机终端、高性能服务器以及云服务器中。

4. 第四阶段（1985—1992年）

这是32位微处理器时代，代表产品是Intel 80386，已经可以胜任多任务、多用户的作业。

1989年发布的80486处理器实现了5级标量流水线，标志着中央处理器的初步成熟，也标志着传统处理器发展阶段的结束。

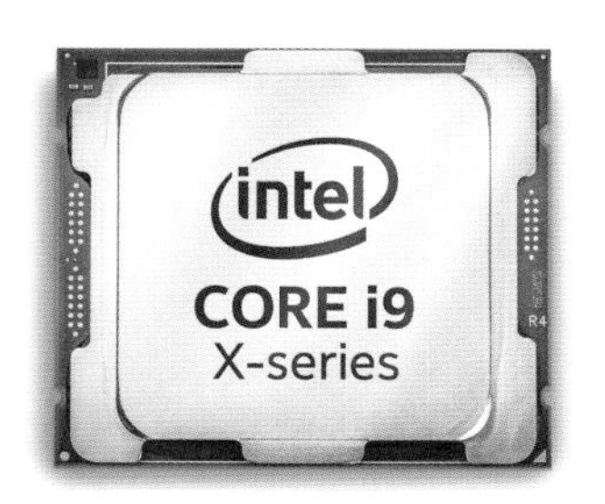

图 3-31　Intel 酷睿处理器

5. 第五阶段（1993—2005年）

这是奔腾系列微处理器的时代。1995年11月，Intel发布了Pentium处理器，该处理器首次采用超标量指令流水结构，引入了指令的乱序执行和分支预测技术，大大提高了处理器的性能。因此，超标量指令流水线结构一直被后续出现的现代处理器，如AMD（Advanced Micro devices）的锐龙、Intel的酷睿系列等所采用。

6. 第六阶段（2006—2021年）

图 3-32　AMD 锐龙处理器

处理器逐渐向更多核心、更高并行度发展，典型的代表有Intel（英特尔）的酷睿系列处理器（图3-31）和AMD的锐龙系列处理器（图3-32）。

为了满足操作系统的上层工作需求，现代处理器进一步引入了诸如并行化、多核化、虚拟化以及远程管理系统等功能，不断推动着上层信息系统向前发展。

（二）制造流程

1. 芯片设计

芯片属于体积小但高精密度极大的产品。想要制作芯片，设计是第一环节。设计需要借助EDA工具和一些IP核，最终制成加工所需要的芯片设计蓝图。除了电路的设计外，版图设计也是很重要的内容，版图设计的质量直接跟芯片的性能相关。电路设计和芯片之间是通过版图联系的，电路设计只是一个形式，而版图是电路的具体表现。

2. 硅提纯

生产中央处理器等芯片的材料是半导体，现阶段主要的材料是硅（Si），这是一种非金属元素。从化学的角度来看，由于它处于元素周期表中金属元素区与非金属元素区的交界处，所以具有半导体的性质，适合于制造各种微小的晶体管，是目前最适宜于制造现代大规模集成电路的材料之一。

在硅提纯的过程中，原材料硅会被熔化，并放进一个巨大的石英熔炉。这时向熔炉里放入一颗晶种，以便硅晶体围着这颗晶种生长，直到形成一个几近完美的单晶硅。以往的硅锭的直径大都是200毫米，而中央处理器产业正在增加300毫米晶圆的生产。

3. 晶圆生产

硅锭造出后被整形成一个完美的圆柱体，并将被切割成片状，称为晶圆，晶圆才被真正用于中央处理器的制造。所谓的“切割晶圆”也就是用机器从单晶硅棒上切割下一片事先确定规格的硅晶片，并将其划分成多个细小的区域，每个区域都将成为一个中央处理器的内核（inner core）。一般来说，晶圆切得越薄，相同量的硅材料能够制造的中央处理器成品就越多。

4. 影印、蚀刻

在经过热处理得到的硅氧化物层上面涂敷一种光阻（Photo resist）物质，紫外线通过印制着中央处理器复杂电路结构图样的模板照射硅基片，被紫外线照射的地方光阻物质溶解。而为了避免让不需要被曝光的区域也受到光的干扰，必须制作遮罩来遮蔽这些区域。这是个相当复杂的过程，每一个遮罩的复杂程度得用10GB数据来描述。

蚀刻是中央处理器生产过程中的重要操作，也是中央处理器工业中的重头技术。蚀刻技术把对光的应用推向了极限，蚀刻使用的是波长很短的紫外光并配合很大的镜头。短波长的光将透过这些石英遮罩的孔照在光敏抗蚀膜上，使之曝光。接下来，停止光照并移除遮罩，使用特定的化学溶液清洗掉被曝光的光敏抗蚀膜，以及在下面紧贴着抗蚀膜的一层硅。

最后，曝光的硅将被原子轰击，使得暴露的硅基片局部掺杂，从而改变这些区域的导电状态，以制造出N井或P井，结合上面制造的基片，中央处理器的门电路就完成了。

5. 重复、分层

为加工新的一层电路，再次生长硅氧化物，然后沉积一层多晶硅，涂敷光阻物质，重复影印、蚀刻过程，得到含多晶硅和硅氧化物的沟槽结构。重复多遍，形成一个3D的结构，这才是最终的中央处理器的核心。每几层中间都要填上金属作为导体。Intel的Pentium4处理器有7层，而AMD的Athlon64则达到了9层。层数决定于设计时中央处理器的布局，以及通过的电流大小。

6. 芯片封装

这时的中央处理器是一块块晶圆，还不能直接被用户使用，必须将它封入一个陶瓷或塑料的封壳中，这样它就可以很容易地装在一块电路板上了。封装结构各有不同，但越高级的中央处理器封装也越复杂，新的封装往往能带来芯片电气性能和稳定性的提升，并能间接地为主频的提升提供坚实可靠的基础。

7. 多次芯片测试

测试是一个中央处理器制造的重要环节，也是一块中央处理器出厂前必要的考验。这一步测试晶圆的电气性能，以检查是否出了什么差错，以及这些差错出现在哪个步骤（如果可能的话）。接下来，晶圆上的每个中央处理器核心都将被分开测试。

由于SRAM（静态随机存储器，中央处理器中缓存的基本组成）结构复杂、密度高，所以缓存是中央处理器中容易出问题的部分，对缓存的测试也是中央处理器测试中的重要部分。

每块中央处理器将被进行完全测试，以检验其全部功能。某些中央处理器能够在较高的频率下运行，所以被标上了较高的频率；而有些中央处理器因为种种原因运行频率较低，所以被标上了较低的频率。最后，个别中央处理器可能存在某些功能上的缺陷，如果问题出在缓存上，制造商仍然可以屏蔽掉它的部分缓存，这意味着这块中央处理器依然能够出售，但它可能只是Celeron等低端产品。

当中央处理器被放进包装盒之前，一般还要进行最后一次测试，以确保之前的工作准确无误。根据前面确定的最高运行频率和缓存的不同，它们被放进不同的包装销往世界各地。

这样，一个完整的中央处理器芯片制造流程便完成了（图3-33）。

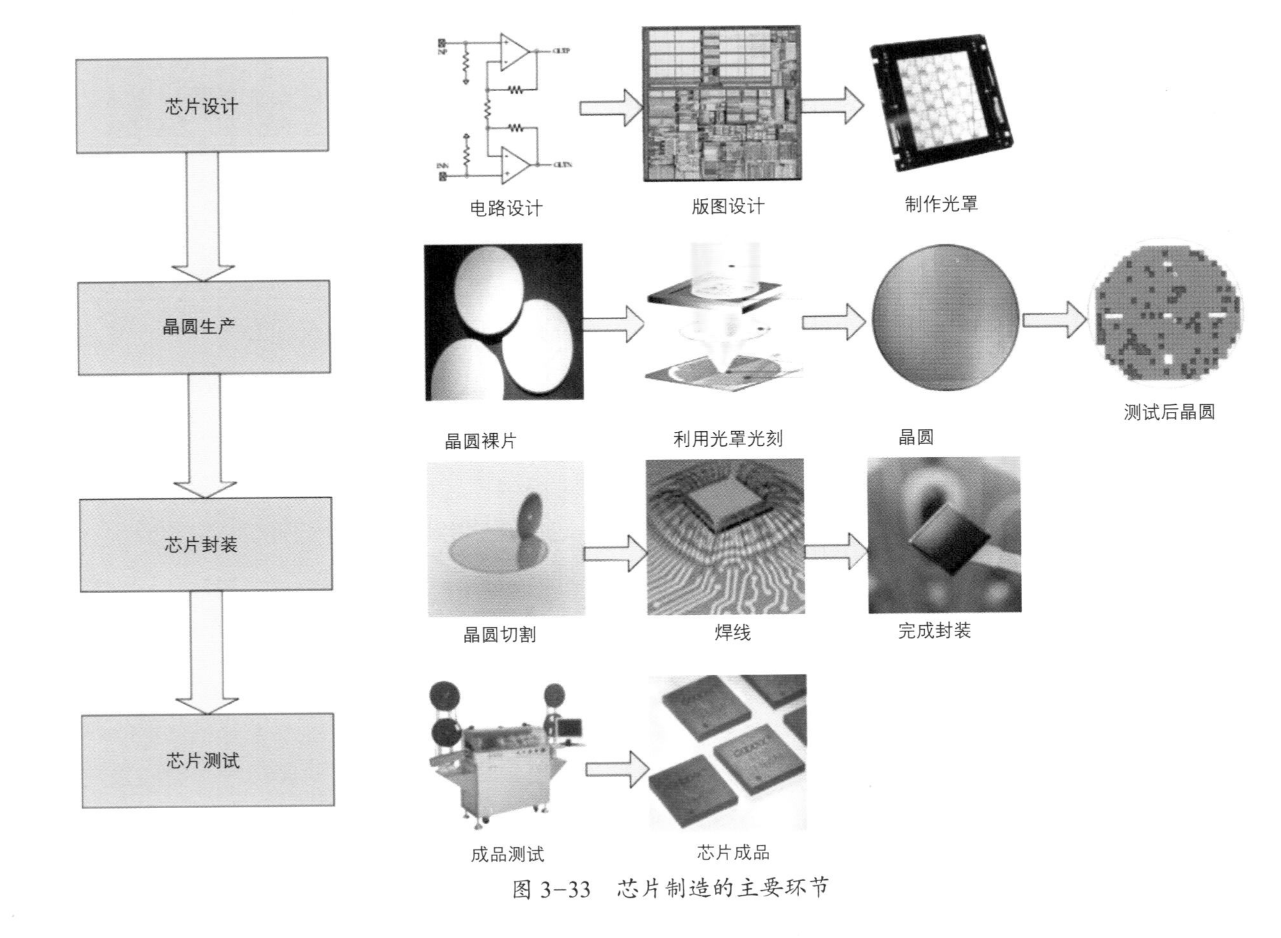

图 3-33　芯片制造的主要环节

第三节

信息输出

信息输出与信息感知（输入）相对应。信息感知是信息处理的前一环节，信息输出是信息处理的后一环节，需要先将感知并处理后的信息进行一系列的加工，通过输出设备，如打印机、显示器、音响、灯光等输出信息，完成信息的处理过程，使信息与人、产品与用户之间产生联系。信息的处理是一个完整的过程，缺一不可，而信息输出是让人与信息产生联系的关键。

信号是反映消息的物理量，是消息的表现形式，信息需要借助某些物理量（如声、光、电）的变化来表示和传递。输出信号是系统经过输入和处理后产生的结果或所能提供的信息服务，是控制论中的一个概念。在控制论中，把系统之间的联系分为“输入”和“输出”。输出信号在有控制要求时可以提供一个开关量信号，使被控设备运作。当控制器接收到输入信号后，根据预先编入的程序，控制器通过总线

图 3-34　蜂鸣器

将联动控制信号输送到输出模块，输出模块启动需要联动的设备；设备动作后会接受一个信号回答。

一、声音信息的输出

如果产品或设备感知到的信息被处理之后，处理器输出的是一个声音信息，那么这个声音信息所携带的内容将会以音频信号的形式经“音频播放设备—音频处理—功率放大—音频输出”的步骤传递出来，所用到的设备有蜂鸣器、扬声器等。

（一）蜂鸣器

蜂鸣器（图3-34）是一种一体化结构的电子讯响器，属于电子元器件的一种，采用直流电压或者交流电压供电。蜂鸣器的应用领域非常广泛，包括计算机（主板蜂鸣器、机箱蜂鸣器、电脑蜂鸣器），打印机（控制板蜂鸣器），复印机、报警器（报警蜂鸣器、警报蜂鸣器），电子玩具（音乐蜂鸣器），汽车电子设备（车载蜂鸣器、倒车蜂鸣器、汽车蜂鸣器、摩托车蜂鸣器），电话机、定时器、空调、医疗设备、环境监控（环保蜂鸣器）等。

蜂鸣器可以分为以下类别：

1. 按驱动方式的原理不同

按驱动方式的原理不同，可分为有源蜂鸣器（内含驱动线路，也叫自激式蜂鸣器）和无源蜂鸣器（外部驱动，也叫他激式蜂鸣器）。无源这里的“源”不是指电源，而是指振荡源。有源蜂鸣器声音频率可控，且内部带振荡源，所以只要一通电就会鸣叫。而无源内部不带振荡源，所以直流信号无法令其鸣叫。

2. 按构造方式的不同

按构造方式的不同，可分为电磁式蜂鸣器和压电式蜂鸣器。电磁式蜂鸣器，主要是利用通电导体会产生磁场的特性，用一个固定的永久磁铁与通电导体产生磁力推动固定在线圈上的鼓膜。压电式蜂鸣器用的是压电材料，即当受到外力导致压电材料发生形变时压电材料会产生电荷。同样，当通电时压电材料会发生形变。

由于两种蜂鸣器发音原理不同，压电式结构简单耐用但音调单一，适用于报警器等设备；而电磁式由于音质好，所以多用于语音、音乐等设备。

3. 按封装的不同

按封装的不同可分为插针蜂鸣器和贴片式蜂鸣器。贴片式蜂鸣器用于表面贴装，通过SMT贴片、回流焊实现焊接需求，焊接技术工艺简单。插针式蜂鸣器则通过PCBA的焊接孔，波峰焊实现焊接需求，工艺成熟。

4.按电流的不同

按电流的不同可分为直流蜂鸣器和交流蜂鸣器。其中，以直流蜂鸣器最为常见。

（二）扬声器

扬声器又称“喇叭”，是一种把电信号转变为声信号的换能器件，在发声的电子电气设备和产品中都能见到它（图3-35）。它的性能优劣对音质的影响很大。扬声器在音响设备中是一个最薄弱的器件，而对于音响效果而言，它又是一个最重要的部件。音频电能通过电磁、压电或静电效应，使其纸盆或膜片振动并与周围的空气产生共振（共鸣）而发出声音。

图3-35 扬声器

扬声器的种类繁多，而且价格相差很大。

1.按其换能原理不同

按换能原理的不同，可分为扬声器可分为电动式（即动圈式）、静电式（即电容式）、电磁式（即舌簧式）、压电式（即晶体式）等。后两种多用于农村有线广播网中。

2.按频率范围不同

按频率范围不同，可分为低频扬声器、中频扬声器、高频扬声器，这些常在音箱中作为组合扬声器使用。

3.按换能机理和结构不同

按换能机理和结构不同，扬声器可分为动圈式（电动式）、电容式（静电式）、压电式（晶体或陶瓷）、电磁式（压簧式）、电离子式和气动式扬声器等。电动式扬声器具有电声性能好、结构牢固、成本低等优点，应用广泛。

4.按声辐射材料不同

按声辐射材料的不同，可分为纸盆式、号筒式、膜片式。按纸盆形状分还有圆形、椭圆形、双纸盆和橡皮折环等。

5.按安装位置不同

按安装位置的不同，可分为外置扬声器和内置扬声器。外置扬声器即一般所指的音箱。内置扬声器是指MP4播放器具有内置的喇叭，用户不仅可以通过耳机插孔，还可以通过内置扬声器来收听MP4播放器发出的声音。具有内置扬声器的MP4播放器，可以不用外接音箱，也可以避免长时间配戴耳机所带来的不适。

扬声器作为家电、计算机、手机、汽车等行业的配套产品，与其发展紧密联系。高清晰数字化平板电视的普及，给扬声器发展带来新的机遇。在国家政策的推动下，中国内需市场将得以释放，家电、计算机、手机、汽车等行业将保持高速发展态势，扬声器行业发展前景良好。

随着5G技术在全球范围内的应用越来越普及，互联网电视、智能手机、平板电脑、上网本等新产品不断出现，都将带动对微型扬声器、受话器的需求持续增长。

消费类电子产品正在朝着多功能、个性化、便携化、高保真的方向发展，促使微型电声元器件朝着超小型化、数字化、集成化和模组化的方向发展。微型电声元器件同消费类电子产品一样，生命周期越来越短，更新换代速度越来越快，微型麦克风和微型扬声器、受话器的市场需求量将越来越大。

二、光信息的输出

如果产品或设备感知到的信息被处理之后，处理器输出的是一个光信息，那么这个光信息将会以不同形式的光源传递出去，而将电能转换为光能的器件或装置称为电光源。电光源的发明促进了电力装置的建设，在其问世后一百多年中，很快得到了普及。它不仅成为人类日常生活的必需品，而且在工业、农业、交通运输以及国防和科学研究中，都发挥着重要作用。

（一）电光源的发展历史

图 3-36　白炽灯

18世纪末，人类对电光源开始研究。

19世纪初，英国的H.戴维发明碳弧灯。

1879年，美国的T.A.爱迪生发明了具有实用价值的碳丝白炽灯，使人类从漫长的火光照明进入电气照明时代（图3-36）。

1907年，采用拉制的钨丝作为白炽体。

1912年，美国的I.朗缪尔等人对充气白炽灯进行研究，提高了白炽灯的发光效率并延长了寿命，扩大了白炽灯的应用范围。

图 3-37　荧光灯

20世纪30年代初，低压钠灯研制成功。

1938年，欧洲和美国研制出荧光灯，发光效率和寿命均为白炽灯的3倍以上，这是电光源技术的一大突破（图3-37）。

20世纪40年代，高压汞灯进入实用阶段。

20世纪50年代末，体积和光衰极小的卤钨灯问世，改变了热辐射光源技术进展滞缓的状态，这是电光源技术的又一重大突破。

20世纪60年代，开发了金属卤化物灯和高压钠灯，其发光效率远高于高压汞灯。

20世纪80年代，出现了细管径紧凑型节能荧光灯、小功率高压钠灯和小功率金属卤化物灯，使电光源进入了小型化、节能化和电子化的新时期。

（二）电光源的主要种类

照明光源是以照明为目的，辐射出主要为人眼视觉的可见光谱（波长380～780纳米）的电光源。其规格品种繁多，功率从0.1W ～20kW，产量占电光源总产量的95%以上。照明光源品种很多，按发光形式分为热辐射光源、气体放电光源和电致发光光源三类。

1.热辐射光源

电流流经导电物体，使之在高温下辐射光能的光源。包括白炽灯和卤钨灯两种。

2.气体放电光源

电流流经气体或金属蒸气，使之产生气体放电而发光的光源。气体放电有弧光放电和辉光放电两种，放电电压有低气压、高气压和超高气压3种。

弧光放电光源包括荧光灯、低压钠灯等低气压气体放电灯，高压汞灯、高压钠灯、金属卤化物灯等高强度气体放电灯，超高压汞灯等超高压气体放电灯，以及碳弧灯、氙灯、某些光谱光源等放电气压跨度较大的气体放电灯。

辉光放电光源包括利用负辉区辉光放电的辉光指示光源和利用正柱区辉光放电的霓虹灯，二者均为低气压放电灯，此外还包括某些光谱光源。

3.电致发光光源

在电场作用下，使固体物质发光的光源。它将电能直接转变为光能。包括场致发光光源和发光二极管两种。

（三）发光二极管

发光二极管，简称为LED（Light Emitting Diode），是一种常用的能够将电能转化为可见光的固态发光半导体器件，通过电子与空穴复合释放能量发光，它在照明领域应用广泛。LED可以直接把电转化为光，它的“心脏”是一个半导体的晶片，晶片的一端附在一个支架上，一端是负极，另一端连接电源的正极，使整个晶片被环氧树脂封装起来。

LED可高效地将电能转化为光能，在现代社会具有广泛的用途，如照明、平板显示、医疗器件等。这种电子元件早在1962年就已出现，早期只能发出低光度的红光，之后发展出其他单色光的版本，时至今日能发出的光已遍及可见光、红外线及紫外线，光度也提高到相当的光度水平。

1. 主要特点

与传统灯具相比，LED灯具节能、环保、显色性与响应速度好，主要特点如下：

（1）节能。在能耗方面，LED灯具的能耗是白炽灯的1/10，是节能灯的1/4，这是LED灯具的一个最大的特点。现在的人们都崇尚节能环保，也正是因为节能的这个特点，使LED灯具的应用范围十分广泛，深受消费者欢迎。

（2）可以在高速开关状态工作。人们平时走在马路上，会发现每一个LED组成的屏幕或者画面都是变化莫测的。这说明LED灯具可以进行高速开关工作。但是，平时使用的白炽灯，则达不到这样的工作状态。在平时生活的时候，如果开关的次数过多，将直接导致白炽灯灯丝断裂。这个也是LED灯具受欢迎的重要原因。

（3）环保。LED灯具内部不含有任何的汞等重金属材料，但是白炽灯中含有，这就体现了LED灯具环保的特点。现在人们都十分重视环保，所以有更多的人愿意选择环保的LED灯具。

（4）响应速度快。LED灯具还有一个突出的特点，就是反应的速度比较快。只要一接通电源，LED灯具马上就会亮起来。对比平时使用的节能灯，其反应速度更快。在打开传统灯具时，往往需要很长的时间才能照亮房间，在灯具彻底发热之后，才能亮起来。

（5）“干净”。所谓的“干净”不是指灯表面以及内部的干净，而是这个灯是属于冷光源，不会产生太多的热量，不会吸引那些喜光喜热的昆虫。特别是夏天，在农村，虫子特别多。有的虫子天性喜热，白炽灯和节能灯在使用一段时间之后都会产生热量，这个热量就容易吸引虫子。这无疑会给灯具表面带来很多的污染物，而且，虫子的排泄物还会使室内环境变得很脏。但是，LED灯具是冷光源，不会吸引虫子，就不会产生虫子的排泄物。所以说，LED灯具更加“干净”。

20世纪90年代，LED技术的长足进步，不仅是发光效率超过了白炽灯，光强达到了烛光级，而且颜色也从红色到蓝色覆盖了整个可见光谱范围。这种从指示灯水平到超过通用光源水平的技术革命导致各种新的应用，诸如汽车信号灯、交通信号灯、室外全色大型显示屏以及特殊的照明光源。

2.应用领域

随着发光二极管高亮度化和多色化的进展，应用领域也不断扩展。从较低光通量的指示灯到显示屏，再从室外显示屏到中等光通量功率信号灯和特殊照明的白光光源，最后发展到高光通量通用照明光源。2000年是分界线，在2000年已解决所有颜色的信号显示问题和灯饰问题，并已开始低、中光通量的特殊照明的应用，而作为通用照明的高光通量白光照明的应用，似乎还需将光通量进一步大幅度提高方能实现。当然，这也是个过程，相关产品会随着亮度提高和价格下降而逐步实现。

（1）显示屏。20世纪80年代中期，就有单色和多色显示屏问世，起初是文字屏或动画屏。90年代初，随着电子计算机技术和集成电路技术的发展，使LED显示屏的视频技术得以实现，电视图像直接上屏。特别是90年代中期，蓝色和绿色超高亮度LED研制成功并迅速投产，使室外屏的应用大大扩展（图3–38）。

全彩色LED显示屏（图3–39）是当今世界上最引人注目的户外大型显示装置，采用先进的数字化视频处理技术，有无可比拟的超大面积与超高亮度。另外屏幕上装有的LED灯具还可以根据不同的户内外环境，采用各种规格的发光像素，实现不同的亮度、色彩、分辨率，以满足各种用途。它可以动态显示图文动画信息，利用多媒体技术，可播放各类多媒体文件。

目前LED显示屏在体育场馆、广场、会场甚至街道、商场都已广泛应用。此外，在证券行情屏、银行汇率屏、利率屏等方面应用也占较大比例，在高速公路、高架道路的信息屏方面也有较大的发展。发光二极管在这一领域的应用已成规模，形成新兴产业，且可期望有较稳定的增长。

图3–38 LED显示屏

图3–39 全彩色LED显示屏

（2）交通信号灯。近年来，LED交通信号灯（图3-40）取得了长足的进步，技术发展较快，应用发展迅猛。根据国内装置的交通信号灯使用效果来看，寿命长、省电和免维护效果是明显的。目前，采用LED的发光峰值波长是红色630纳米、黄色590纳米、绿色505纳米。应该注意的问题是驱动电流不应过大，否则夏天阳光下的高温条件将会影响LED交通信号灯的寿命。

另外，应用于飞机场作为标灯、投光灯和全向灯的LED机场专用信号灯也已获成功并投入使用，多方反映效果很好。它具有自主知识产权，获准两项专利，可靠性好、节省用电、免维护，可推广应用到各种机场，替代已沿用几十年的旧信号灯。它不仅亮度高，而且由于LED光色纯度好，颜色特别鲜明，易于信号识别。

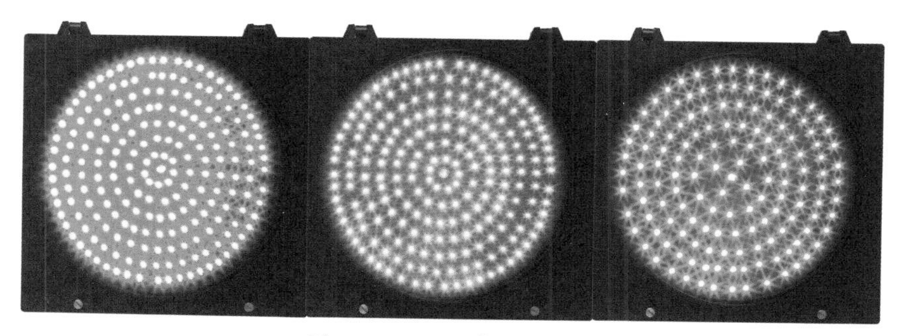

图3-40　LED交通信号灯

（3）汽车用灯。超高亮LED可以做成汽车的刹车灯、尾灯和方向灯（图3-41），也可用于仪表照明和车内照明，它在耐震动、省电及

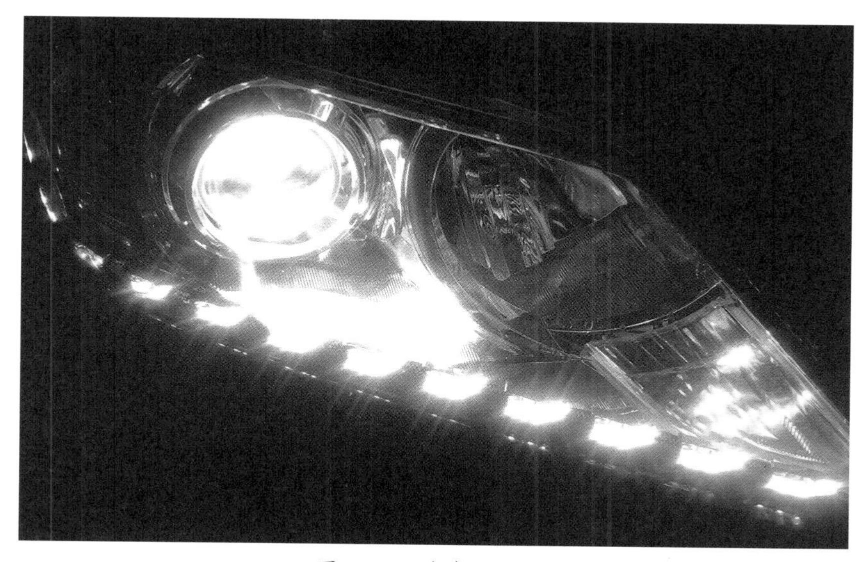

图3-41　汽车LED灯

长寿命方面比白炽灯有明显的优势。用作刹车灯，它的响应时间为60纳秒，比白炽灯的140毫秒要短许多，在典型的高速公路上行驶，会增加4～6米的安全距离。

（4）液晶屏背光源。LED作为液晶显示的背光源，不仅可作为绿色、红色、蓝色、白色背光源，还可以作为变色背光源，已有许多产品进入生产及应用阶段。手机液晶显示屏用LED制作背光源，提升了产品的档次，效果很好。采用8个蓝色、24个绿色、32个红色Luxeon LED制成的15英寸（约37.5厘米）液晶屏的背光源，可达到120 W，2500 lm，亮度18000 nits（尼特，cd/m²）。22英寸液晶屏背光源也已制成，仅为6毫米厚，不但混色效果好，显色指数也达到80以上。目前大型背光源虽处于开发阶段，但潜力很大。

（5）灯饰。由于发光二极管亮度的提高和价格的下降，再加上长寿命、节电，驱动和控制较霓虹灯简易，不仅能闪烁，还能变色，所以用超高亮度LED做成的单色、多色乃至变色的发光柱配以其他形状的各色发光单元，装饰高大建筑物、桥梁、广场、室内装饰及街道等景观工程效果很好（图3-42、图3-43），呈现一派色彩缤纷、星光闪烁及流光溢彩的景象。已有不少企业生产LED光柱达万米以上，彩灯几万个，目前正逐步推广，将会逐步扩大单独形成一种产业。

（6）照明光源。作为照明光源的LED光源为白光，作为军用的白光LED照明灯具已投入批量生产。由于LED光源无红外辐射，便于隐蔽，再加上它还具有耐振动、适合于蓄电池供电、结构固体化及携带方便等优点，将在特殊照明光源方面有着较大发展。作为民间使用的草坪灯、埋地灯已有规模生产，也有用作显微镜视场照明、手电、外科医生的头灯、博物馆或画展的照明用吊灯（图3-44）以及阅读台灯。

图 3-42　LED 壁灯

图 3-43　LED 草坪灯

图 3-44　LED 吊灯

（7）温室补光。光是植物生长和发育最重要的环境因素之一，对植物的生长发育、形态建成、光合作用、物质代谢及基因表达均有调控作用，因此温室补光是实现植物优质高产的重要途径。近年来，发光二极管在植物工厂中的应用越来越广泛，LED光源的波宽窄、能耗低、体积小、效率高、耐衰老、热耗低的优点，使其成为众多光质研究人员使用的新光源。迄今为止，大量应用LED光源研究光环境对植物宏观的形态、产量、品质的影响，以及对细胞显微结构、植物分化、次生代谢物质的影响的研究层出不穷。

（8）娱乐场所及舞台照明。由于LED的动态、数字化控制色彩、亮度和调光，活泼的饱和色可以创造静态和动态的照明效果、从白光到全光谱中的任意颜色，LED的使用在这类空间的照明中开启了新的思路。长寿命、高流明的维持值（10000小时后仍然维持90%的光通量），与PAR灯和金卤灯的 50 ~ 250小时的寿命相比，降低了维护费用和更换光源的频率。另外，LED克服了金卤灯使用一段时间后颜色偏移的现象。与PAR灯相比，没有热辐射，可以使空间变得更加舒适。LED彩色装饰墙面在餐饮建筑中的应用蔚然成风。

三、图像信息的输出

图像信息是一种重要的产品或机器的信息输出形式。图像的输出设备是智能信息产品或计算机的重要组成部分，它包含显示设备和硬拷贝设备两个方面。它的任务是把计算机信息处理的处理结果或者中间结果以数字、字符和图像等多种媒体的形式表示出来。常见的图像输出设备有显示器、打印机等。

图像显示是为了方便用户对系统实现交互、对图像实现分析和识别，图像拷贝则是以数据或像点阵列的形式将处理后的图像永久地保留下来。图像显示当前仍以CRT显示设备为主流，其显示质量好、亮度高、制作成本低，屏幕分辨率目前最高可达到1920×1035。液晶显示设备也因显示稳定、辐射小而表现出了较强大的生命力，现在已成为手提微型计算机的首选显示器。图像硬拷贝设备有打印机、绘图仪、鼓式扫描器、激光扫描器等。

（一）显示器

显示器的种类主要有CRT显示器、LCD显示器、LED显示器、3D显示器和等离子显示器等。

1.CRT显示器

CRT显示器曾是使用较广泛的显示器。根据采用显像管的不同，可分为球面显示器和纯平显示器。纯平显示器又可分为物理纯平显示器和视觉纯平显示器两种。从12英寸黑白显示器到19英寸、21英寸大屏彩色显示器，CRT彩色显示器经历了由小到大的过程，曾广泛使用的有14英寸、15英寸和17英寸等。

2.LCD显示器

LCD显示器是一种采用液晶控制透光度技术来实现色彩的显示器，它具有辐射小、无闪烁、机身薄、能耗低和失真小等优点。液晶显示屏的缺点是色彩不够艳丽、可视角度不高等。LCD显示器已逐渐成为主流显示设备。

3.LED显示器

LED显示器是一种通过控制半导体发光二极管进行显示的显示器。LED显示器集微电子技术、计算机技术和信息处理于一体，以其色彩鲜艳、动态范围广、亮度高、寿命长和工作稳定可靠等优点，成为具有优势的新一代显示媒体，已广泛应用于大型广场、商业广告、体育场馆、信息传播、新闻发布和证券交易等。

4.3D显示器

3D显示器一直被公认为是显示技术发展的终极梦想，多年来有许多企业和研究机构从事这方面的研究。日本、韩国及欧美等发达国家和地区于20世纪80年代就涉足立体显示技术的研发。

平面显示器要形成立体感的影像，必须至少提供两组相位不同的图像。其中，快门式3D技术和不闪式3D技术是如今显示器中最常使用的两种。

不闪式3D显示器经国际权威机构检测，闪烁几乎是零。

不闪式3D显示器有如下优点：

（1）无闪烁、更健康。画面稳定，无闪烁感，眼睛更舒适，不头晕。

（2）高亮度、更明亮。亮度损失最小的偏光3D，色彩更好。

（3）无辐射、更舒适的眼镜。不闪式3D眼镜无辐射，结构简单，重量轻。

（4）无荧影、更逼真。不闪式3D技术的色彩显示更准确。

（5）价格合理、性价比高。通过不闪式3D显示器进入3D世界，其主机配置总价位层面上，比快门式3D便宜2～4倍，性价比高。

5.等离子显示器

等离子显示器厚度薄、分辨率高、占用空间少，可作为家中的壁挂电视使用，代表了未来显示器的发展趋势。

等离子显示器有如下特点：

（1）高亮度、高对比度。等离子显示器具有高亮度和高对比度的特点，对比度达到500：1，完全能满足眼睛需求；亮度高，色彩还原性好。

（2）纯平面图像无扭曲。等离子显示器的RGB发光栅格在平面中呈均匀分布，这样使得图像即使在边缘也没有扭曲的现象。而在纯平CRT显示器中，由于在边缘的扫描速度不均匀，很难控制其不失真。

（3）超薄设计、超宽视角。由于等离子技术显示原理的关系，使其整机厚度大大低于传统的CRT显示器，与LCD相比也相差不大，而且能够多位置安放。用户可根据个人喜好，将等离子显示器挂在墙上或摆在桌上，大大节省了空间，既整洁、美观又时尚。

（4）环保无辐射。等离子显示器一般在结构设计上采用了良好的电磁屏蔽措施，其屏幕前置环境也能起到电磁屏蔽和防止红外辐射的作用，对眼睛几乎没有伤害，更加环保。

（二）打印机

打印机是计算机系统常用的输出设备，主流的打印机已是一套完整精密的机电一体化的智能系统。打印机的类型按其工作方式，可分为针式打印机、喷墨打印机、激光打印机以及用于印刷行业的热转印式打印机等。

1.针式打印机

针式打印机具有中等分辨率和打印速度、耗材便宜，同时还具有高速跳行、多份拷贝打印、宽幅面打印、维修方便等特点，是办公和事务处理中打印报表、发票等的优选机种。针式打印机在很长时间内曾经占据重要的地位。但因打印质量低、工作噪声大，针式打印机已无法适应高质量、高速度的商用打印需要。

2.喷墨打印机

根据产品的主要用途可分为普通型喷墨打印机、数码照片型喷墨打印机和便携式喷墨打印机。喷墨打印机的优点是噪声低、色彩逼真、速度快；不足的是打印成本较高。喷墨打印机因打印效果好、购机价位低，已成为中低端市场的主流。

3.激光打印机

激光打印机可分为黑白激光打印机和彩色激光打印机两类。精美的打印质量、低廉的打印成本、优异的工作效率和极高的打印负荷是黑白激光打印机最突出的优点。彩色激光打印机具有打印色彩逼真、安全稳定、打印速度快、寿命长和成本较低等优点。

4.专用/专业打印机

专用打印机一般是指各种存折打印机、平推式票据打印机、条形码打印机和热敏印字机等用于专用系统的打印机。

专业打印机有热转印打印机和大幅面打印机等机型。热转印打印机的优势在于专业高质量的图像打印方面，一般用于印前及专业图形输出；大幅面打印机的打印原理与喷墨打印机基本相同，但打印幅宽一般都能达到24英寸（约61cm）以上。它的主要用途集中在工程与建筑领域。随着其墨水耐久性的提高和图形解析度的增加，大幅面打印机也开始被越来越多地应用于广告制作、大幅摄影、艺术写真和室内装潢等领域，已成为打印机家族中重要的一员。

四、运动信息的输出

在机器设备或智能信息产品的功能实现方式中，机构运动、机械传动、功能部件的移动是非常重要的信息输出形式。而这些运动的实现，则依赖于电动马达的工作，也就是电动机，如图3-45所示。

电动机在包装、食品饮料、制造业、医疗和机器人等众多行业的许多运动控制功能中发挥着关键作用。用户可以根据电机的功能、尺寸、扭矩、精度和速度要求等方面进行相应的选择。

众所周知，电动机是传动以及控制系统中的重要组成部分。随着现代科学技术的发展，电动机在实际应用中的重点已经开始从过去简单的传动向复杂的控制转移，尤其是对电动机的速度、位置、转矩的精确控制。电动机根据不同的应用，有不同的设计和驱动方式，应用

图 3-45　电动机

广泛，种类繁多，详细分类如下。

（一）按工作电源种类划分

按工作电源种类划分，可分为直流电动机和交流电动机。

1. 直流电动机

直流电动机按结构及工作原理可划分为无刷直流电动机和有刷直流电动机。

有刷直流电动机又可划分为永磁直流电动机和电磁直流电动机。其中，永磁直流电动机可划分为稀土永磁直流电动机、铁氧体永磁直流电动机和铝镍钴永磁直流电动机；电磁直流电动机可划分为串励直流电动机、并励直流电动机、他励直流电动机和复励直流电动机。

2. 交流电动机

交流电动机又可分为单相电机和三相电机。

（二）按结构和工作原理划分

按结构和工作原理可分为直流电动机（相关介绍于前文中已提及）、同步电动机、异步电动机。

同步电动机又可划分为永磁同步电动机、磁阻同步电动机和磁滞同步电动机。

异步电动机又可划分为感应电动机和交流换向器电动机。其中，感应电动机可划分为三相异步电动机、单相异步电动机和罩极异步电动机等；交流换向器电动机可划分为单相串励电动机、交直流两用电动机和推斥电动机。

（三）按起动与运行方式划分

按起动与运行方式可分为电容起动式单相异步电动机、电容运转式单相异步电动机、电容起动运转式单相异步电动机和分相式单相异步电动机。

（四）按用途划分

按用途可分为驱动用电动机和控制用电动机。

1. 驱动用电动机

驱动用电动机可划分为电动工具（包括钻孔、抛光、磨光、开槽、切割、扩孔等工具）用电动机，家电（包括洗衣机、电风扇、电冰箱、空调器、录音机、录像机、影碟机、吸尘器、照相机、电吹风、电动剃须刀等）用电动机及其他通用小型机械设备（包括各种小型机床、小型机械、医疗器械、电子仪器等）用电动机。

2. 控制用电动机

控制用电动机又可划分为步进电动机和伺服电动机等。

（五）按转子的结构划分

按转子的结构可分为笼型感应电动机（旧标准称为鼠笼型异步电动机）和绕线转子感应电动机（旧标准称为绕线型异步电动机）。

（六）按运转速度划分

按运转速度可分为高速电动机、低速电动机、恒速电动机、调速电动机。

低速电动机又可分为齿轮减速电动机、电磁减速电动机、力矩电动机和爪极同步电动机等。

调速电动机除可分为有级恒速电动机、无级恒速电动机、有级变速电动机和无级变速电动机外，还可分为电磁调速电动机、直流调速电动机、PWM 变频调速电动机和开关磁阻调速电动机。

思考与练习

1. 自动识别技术的定义是什么？大致包括哪些类别？

2. 联合国卫星导航委员会已认定的供应商有哪些？简述中国北斗卫星导航系统的发展历程与应用领域。

3. 简述传感器的概念和特点。如果按照传感器的基本感知功能分类，可以分为哪些类别？

4. 简述一个完整的中央处理器芯片制造流程。

5. 列举一款信息产品，说明其“信息感知、信息处理与信息输出”各环节所应用的技术与硬件。

参考文献

[1] 温晓君. 中国智能硬件产业发展现状与建议[J].企业家信息，2016（6）：103–105.

[2] 钱元.智能电视概念多选购保养有门道[N]. 唐山晚报，2014–11–29.

[3] 崔伟男，张昊星. 智能硬件发展趋势及创客运动分析[J].电信网技术，2015（11）：18–21.

[4] 安晖，温晓君. 中国智能硬件产业发展现状[J].互联网经济，2015（9）：32–39.

[5] 阮星，蔡闯华. 一个基于ZigBee协议的智能照明应用实例的实现[J].赤峰学院学报：自然科学版，2011（8）：38–40.

[6] 李天祥. Android物联网开发细致入门与最佳实践[M].北京：中国铁道出版社，2016：14–15.

[7] 中安.家庭自动化与安防向高集成数字化发展[J].金卡工程，2008，12（4）：74–76.

[8] 王云华.智能家庭网络系统研究[D].南京信息工程大学，2011.

[9] 钟丽静，冯承文.网络家电——家用电器的新趋势[J].家电科技，2008（1）：37–38.

[10] 董玲.多功能网络数字音频功率放大器的播放功能软件设计与实现[D].电子科技大学，2013.

[11] 智能家居技术发展趋势[J].现代装饰（理论），2012（8）：9–10.

[12] 王雅志. 基于蓝牙技术的嵌入式家庭网关的研究与实现[D]. 湖南大学，2010.

[13] 付珊珊. 基于ARM的智能家居管理终端的研究与实现[D]. 安徽理工大学，2014.

[14] 黄则清，郭斯宏，李天臣. 通过互联网实现智能家用电器设备远程控制的系统和方法：中国，02111419.6 [P].2002-4-19.

[15] 袁荣亮. 嵌入式智能家居网关的研究与实现[D]. 浙江工业大学，2013.

[16] 王晓燕. 智能化项目建设过程中的几个关键环节[J]. 电子世界，2013（14）：175-175.

[17] 张树. 智能家居遇到物联网[J]. 中国公共安全（综合版），2013（16）：54-56.

[18] 胡俊达，李祥来，赵佳. 家用电器远程智能控制系统[D]. 曲阜师范大学，2013.

[19] 刘凌云. 智能家居控制系统[D]. 内蒙古大学，2014.

[20] 孙忠利. 谈中国智能家居的现状及发展趋势[J]. 中国新通信，2017，19（10）：1.

[21] 蒋伟明. 中国智能家居的现状及发展趋势[J]. 科技视界，2014（18）：326-326.

[22] 孟庆春，齐勇，张淑军等. 智能机器人及其发展[J]. 中国海洋大学学报：自然科学版，2004，34（5）：831–838.

[23] 郭星明. 全通用管理信息处理系统设计理论[M]. 北京：中国水利水电出版社，2008.

[24] 叶阳东，等. 计算机引论[M]. 电子科技大学出版社，1999.

[25] 谭祥金，党跃斌. 信息管理导论[M]. 北京：高等教育出版社，2000.

[26] 赵积梁. 信息作战技术[M]. 解放军出版社，2004.

后记

2018年，山东工艺美术学院工业设计学院以专业人才培养方案修订为契机，在工业设计专业中增设了信息产品设计方向，并开设了信息产品设计课程，完成信息产品从理论到实践、从创意到实现、从外观到结构设计、从交互体验到信息逻辑设定、从信息技术整合到部件逻辑设定的内容教学。

在信息产业飞速发展的时代背景下，产品设计与信息设计产生了专业性的交叉，学生在完成信息类产品设计的过程中，既要具备外观塑造的审美、表现及工程实现的能力，也要具备信息科技与艺术方面的整合能力、以用户体验为中心的设计策划能力。目前市面上的信息产品设计类书籍大部分是面向计算机相关专业，主要是信息技术的应用与设计；少部分面向设计类交互设计专业，主要以信息界面设计为主，针对产品设计、工业设计专业的信息产品设计的理论概述、设计方法及开发流程的教材较少。

基于这样的前提，《信息产品设计概论》便是依托信息产品设计课程而编写的一本概论教材，后续也将在完善教学与设计实践的基础上编写信息产品设计与开发类的教材。由于初次编写信息产品设计类的教材，难免会出现一些不足之处，望有关专家、读者不吝指正。

张公明

2022年12月12日